饭店人气菜谱能量排名,指导自我健康管理饮食

健 康 就 餐 指 南

一本教你自我健康管理饮食的书

张 弘 著

孙桂菊 审稿

东 南 大 学 出 版 社

·南京·

内容简介

本书详细介绍了中外各大菜系、小吃、饮料共17类284个人气餐谱的风味特色、烹调技巧和选材用料,并算出每个菜、食谱中所有配料的总热量和提供的蛋白质含量。本书还为每个菜谱配有图片和小提示,分析用料成分,提示营养特点,介绍特殊材料,指导健康食用。本书也涉及了平时不为重视的若干鲜为人知的营养知识,全方位地指导健康用餐。本书告诉读者,对美味食品要用眼品尝、用脑进餐、用智慧管理、自控饮食、保持健康。

本书图文并茂,通俗易懂,实用好学,可供各类人员阅读。

图书在版编目(CIP)数据

健康就餐指南 / 张弘著. —南京:东南大学出版社,2012.10

ISBN 978 - 7 - 5641 - 3771 - 7

Ⅰ. ①健… Ⅱ. ①张… Ⅲ. ①保健-食谱②膳食营养-基本知识 Ⅳ. ①TS972.161②R15

中国版本图书馆 CIP 数据核字(2012)第 233664 号

健康就餐指南

出版发行	东南大学出版社	
社 址	南京市四牌楼 2 号	
出 版 人	江建中	
邮 编	210096	
印 刷	南京京新印刷厂	
开 本	787 mm×1092 mm	1/16
印 张	7.5	
字 数	150 千字	
书 号	ISBN 978 - 7 - 5641 - 3771 - 7	
版 次	2012 年 10 月第 1 版 2012 年 10 月第 1 次印刷	
印 数	1—3000	
定 价	28.00 元	

* 凡因印装质量问题,可直接与营销部调换。电话:025 - 83791830。

此书谨献给
我最爱的父母大人！

张弘

序

2009 年 8 月，我到上海开会，见到了留日学者张弘女士，拜读了她撰写的《健康就餐指南》样书，其图文并茂，新颖活泼，深入浅出，通俗易懂，颇受一些教授的好评。这是一本日式风格的 pocket book 式册子，小巧轻便，便于携带。坐在餐桌前，随手翻翻，用脑估算，合理点餐，健康用餐，轻松搞定。我当场鼓励她尽快完成全文。今天，她终于完稿，即将给广大热爱健康的读者提供一个健康就餐指南。

她 1989 年 7 月毕业于湖南医学院预防医学系，获毒理学硕士学位。同年 11 月，我们在青岛市召开的全国首届生化毒理学会上认识，她在首都医学院预防医学系执鞭从教。后来曾多次在毒理学学术会议相见，互相交流、学习。1992 年，她去了日本东京药科大学做"客员研究员"。我分别去了法国、意大利、韩国和美国做访问学者，各自为工作、生活奔波，联系甚少。

再见时已是 18 年之后，我们都走进了中年，对健康与疾病的体会更为深刻。她几年前回国，在上海经营一家"健康管理工作室"，借鉴日本健康管理的理念，从事"健康管理"的朝阳事业。本书是她健康管理工作室的初步成绩，值得拍手鼓掌，推荐给大家学习。

我国的健康管理工作困难不少，要改变那些长期形成的不良生活习惯，实在不是一件容易的事情。张女士撰写的《健康就餐指南》可望为大家的健康饮食提供有益的指导意见，愿大家身体健康、长寿！

广西医科大学公共卫生学院教授　**姜岳明**

2012 年 6 月 15 日于南宁

内容多彩　知识丰富

1. **单位热量**。本书将中外各大菜系,加糕点、小吃、饮料共 17 类,284 个人气餐谱进行了单位热量有序排名。即计算出每个菜谱所有配料(某些菜谱的配料含非可食部分)的总重量(g)与总热量(kcal),求出该菜谱每克重量提供的千卡热量,并对此单位热量进行从低到高的有序排列。参照单位热量,选餐时建议从低到高;用餐时调整摄入重量,控制自己的摄取热量。

2. **单位蛋白质**。本书还对每份菜谱提供的蛋白质(g)进行了计算。参照单位蛋白质,用餐时可以控制和保证自己的一日蛋白质摄取量。

3. **菜谱与用料**。本书详细列举了各菜谱烹调时所需主料、辅料和调料的名称和用量。特别对油和盐的用量做有详细记载,帮助自我调整油和盐的摄入量。由于篇幅有限,对其他调料的用量,部分只列出了名称和用量的总和。

4. **图文并茂,明了易记**。本书为各个菜谱配有参照图片和小提示。分析用料成分,提示营养特点,介绍特殊材料,指导健康食用。同时也涉及了平时不为重视的若干鲜为人知的营养知识,全方位地指导健康用餐。

5. **规范计算,统一概念**。本书涉及的热量和蛋白质计算,以"中国食物成分表(2002 年版)"为准,"中国食物成分表(2004 年版)"为辅。少数用料参照了日本的营养和能量计算网站(http://www. eiyoukeisan. com/),极少数参照了国内网络信息。本书涉及的结论主要参照了中国营养学会编著的《中国居民膳食指南 2007》。

6. **汇总在菜系,提高在认识**。本书对各菜系的风味特色、烹调技巧、选材用料做了汇总,并给予了健康巧妙的食用指导。在掌握各个菜谱的单位热量排序的前提下,读者可将健康用餐的知识升华到菜系,掌握各菜系菜谱的热量分布趋势。做到心中有方针,筷子有方向,嘴巴有数量;用眼品尝,用脑进餐,用智管理,自控饮食,控制体重,保持健康。

7. **本书的单位热量排名仅供参考**。各国各菜系品种繁多,著者很难包罗全部菜谱;少数食用材料的组成复杂,精确热量困难;同一菜谱做法多样,统一总热量数字困难;同一菜谱名可属几个菜系,而不同的菜系配料选用不同,导致总热量有所不同。故本书的单位热量排名,仅在本书所记配料前提下成立。

正确使用本书

请参照下列步骤,正确使用本书。

第一步,了解自己的"体型"。

通过计算身体质量指数(BMI)来判断自己的体型:

$$BMI\ 值(kg/m^2) = \frac{体重(kg)}{身高(m) \times 身高(m)}$$

BMI 值(kg/m²)	体型
BMI 值 < 18.5	消瘦
18.5 ≤ BMI 值 < 24	正常
24 ≤ BMI 值 < 28	超重
BMI 值 ≥ 28	肥胖

第二步,确定自己的"每日热量摄取量"和"每日蛋白质摄取量"。

1. 每日热量摄取量

中国营养学会推荐,健康成年人的每日热量摄入量为 1 800 ~ 2 600 kcal。

实际中应根据自己的生理状态、生活特点、身体活动程度及体重情况进行调整。

2. 每日蛋白质摄取量

以健康成年男性,轻体力劳动者每日热量摄取量为 2 400 kcal 为例。

1) WHO 推荐,一日膳食热量中由蛋白质提供的热量应占 11% ~ 15%。

故,成年男性的每日摄取热量中,由蛋白质提供的热量应为 264 ~ 360 kcal。

> WHO推荐适宜膳食热量构成是:
> 来自碳水化合物的热量为55%~65%;
> 来自脂肪的热量为20%~30%;
> 来自蛋白质的热量为11%~15%。

计算公式:

2 400 × 11% ~ 2 400 kcal × 15% = 264 ~ 360 kcal

2) 而 1 g 蛋白质提供的热量为 4 kcal。

> 1g碳水化合物提供的热量为4kcal;
> 1g脂肪提供的热量为9kcal;
> 1g蛋白质提供的热量为4kcal。

故,成年男性的每日蛋白质摄取量应为 66 ~ 90 g。

计算公式：264 kcal ÷ 4 g/kcal ~ 360 kcal ÷ 4 g/kcal = 66 ~ 90 g

> 热量的单位为卡路里(cal)，在营养学上常使用千卡(kcal)。
> 千卡是指使一千克的水在一个大气压下升高1℃时所需要的热量。

第三步,计算"推荐每日热量摄取量"。

参照下图,在"每日热量摄取量"的基础上,参照 BMI 值分类的"体型",各自加减若干热量值,得到相应的"推荐每日热量摄取量"。

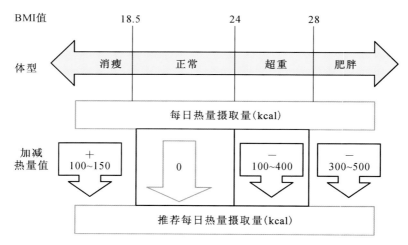

第四步,记录一日的饮食情况,计算一日摄取总热量及三餐热量分配比例。

1. 详细记录一日中的摄取食物及摄取量,含三餐、加餐、点心、饮料等。

2. 参照本书的相关数据,计算一日三餐摄入总热量、总蛋白量、总油量和总盐量。

> 一天的热量摄取中,
> 早餐应占总热量的25%~30%;
> 午餐应占总热量的30%~40%;
> 晚餐应占总热量的30%~40%。

3. 算出三餐摄取热量的分配比例。

提示 *本步为最繁琐的一步,也是最关键的一步。记录和计算比较麻烦,重复熟练最为重要。*

第五步,控制油和盐的摄入量,保证每日饮水量。

1. 每天烹调油的摄取量不超过 25 ~ 30 g。

2. 每天食盐的摄入量不超过 6 g(包括酱油、酱菜等食物中的食盐含量)。

> 最佳三餐热量来源比例应为:
> 早餐:中餐:晚餐=30:40:30

3. 每天的饮水不少于 1 200 ml。

第六步,循环第一步到第五步,定期计算 BMI,调整"推荐每日热量摄取量",养成良好的饮食习惯,最终控制体重在健康范围内。

> 健康体重(kg)的计算公式:
> $18.5 \times$ 身高(m) $\times$ 身高(m) $\sim 23.5 \times$ 身高(m) $\times$ 身高(m)

举例说明本书的使用方法。

张君,男,身高 170 cm,体重 82 kg,轻体力劳动者。

第一步,计算张君的"体型"。

　　$BMI = 82 \div 1.7 \div 1.7 = 28.4$,$BMI > 28$,为"肥胖"型。

第二步,确定张君的"每日热量摄取量"和"每日蛋白质摄取量"。

　　1. 按中国营养学会推荐,取张君的"每日热量摄取量"为 2 400 kcal。

　　2. 根据蛋白质提供的热量占一日摄取热量比值,得出"每日蛋白质摄取量"为:

　　2 400 kcal $\times 11\%$ $\div 4$ g/kcal $\sim$ 2 400 kcal $\times 15\%$ $\div 4$ g/kcal $= 66 \sim 90$ g

第三步,计算张君的"推荐每日热量摄取量"。

　　张君为"肥胖"体型,与"正常"体型相比每日热量摄入量应减少 300 ~ 500 kcal。

　　故,张君"推荐每日热量摄取量"为 1 900 ~ 2 100 kcal。

> **建议** 将 **2 100 kcal** 设为最初的目标,逐渐减少为 **1 900 kcal**。
> 逐渐养成良好的、健康的饮食习惯,并保持下去。

第四步,记录张君一天饮食情况,计算其一日摄取总热量及三餐热量分配比例。

　　这一步很重要。一天中吃了什么,吃了多少,零食饮料,不少不漏,详细记录。

　　1. 例如,张君某一日的就餐情况记录如下:

　　1)早餐(一人):

　　① 皮蛋瘦肉粥一碗,200 g。见本书"粤菜"第 2 道菜谱。

　　② 馒头 2 两,100 g。参照本书"便利店"食品。

　　根据本书相应菜谱的数据,记录张君的早餐内容如表 1。

表 1　早餐记录

菜谱	单位热量	重量(g)	热量(kcal)	蛋白质(g)	油(g)	盐(g)	水(g)
皮蛋瘦肉粥	0.78	1 520	1 191	64.2	0	5	1 000
馒头	—	100	221	7.0	0	0	0

2）**中餐**(二人)：

① 毛血旺一份，1 343 g(2 人食用，一人约 671 g)。见本书"四川菜"第 8 道菜。

② 香辣土豆丝，一份 676 g(2 人食用，一人 338 g)。见本书"四川菜"第 2 道菜。

③ 米饭一碗，200 g(一人食用)。参照本书"便利店"食品。

④ 酸梅汁一杯，120 g(一人食用)。见本书"时尚饮品"第 12 道饮料。

根据本书相应菜谱的数据，记录张君的中餐内容如表 2。

表 2　中餐记录

菜谱	单位热量	重量(g)	热量(kcal)	蛋白质(g)	油(g)	盐(g)	水(g)
毛血旺	1.54	1 343	2 073	143.0	50	3	0
香辣土豆丝	1.02	676	692	15.8	25	3	0
米饭	—	100	116	2.6	0	0	0
酸梅汁	0.75	120	90	1.0	0	0	120

3）**晚餐**(一个人)：

① 日式味噌汤一份，803 g。见本书"日本菜"第 1 道菜。

② 日式蔬菜煮一份，386 g。见本书"日本菜"第 3 道菜。

③ 米饭 2 两，100 g。参照本书"便利店"食品。

④ 啤酒一瓶，400 g。参照本书"便利店"食品。

根据本书相应菜谱的数据，记录张君的晚餐内容如表 3。

表 3　晚餐记录

菜谱	单位热量	重量(g)	热量(kcal)	蛋白质(g)	油(g)	盐(g)	水(g)
日式味噌汤	0.4	803	322	25.5	0	味噌 18 g、酱油 5 g（共折合食盐 5.8 g）	450
日式蔬菜煮	0.68	386	261	9.7	0	酱油 8 g（折合食盐 1.2 g）	0
米饭	—	100	116	2.6	0	0	0
啤酒	—	100	32	0.4	0	0	100

味噌的食盐含量为 28%。20ml(20 g)酱油中含 3 g 食盐。

4) 零食(一个人):见表4。

可乐一瓶,400 g。参照本书"便利店"食品。

表4   零食

菜谱	单位热量	重量(g)	热量(kcal)	蛋白质(g)	油(g)	盐(g)	水(g)
可乐	0.43	100	43	0.1	0	0	100

2. 计算张君一天的三餐摄入情况如表5。由表5可以得出下面结论:

1) 张君一日总热量摄入量3 076 kcal,高于最初目标2 100 kcal。

2) 张君的三餐热量分配为,早餐377∶中餐1 700∶晚餐999(晚餐加零食),约为12∶55∶32。而合理的三餐分配应为30∶40∶30。

建议 逐渐减少一日总热量摄取量,慢慢地达到最初目标。

逐渐调整三餐摄取热量,慢慢达到合理的分配比例。

3) 张君的一日蛋白质摄入量为140.7 g,大于推荐值66~90 g。

提示 过量的蛋白质摄入会引起尿钙增加,使体内的钙储存减少,有增加骨质疏松的危险性。

表5   张君的三餐实际摄入情况

		摄入重量 (g)	摄入热量 (kcal)	摄入蛋白质 (g)	摄入油 (g)	摄入盐 (g)	摄入水 (g)
早餐	皮蛋瘦肉粥	200	156	8.4	0	0.7	132
	馒头	100	221	7.0	0	0	0
	早餐总计		**377**	**15.4**			
中餐	毛血旺	671	1 033	71.4	25.0	1.5	0
	香辣土豆丝	338	345	7.9	12.5	1.5	0
	米饭	200	232	5.2	0	0	0
	酸梅汁	120	90	1.0	0	0	120
	中餐总计		**1 700**	**85.5**			

续表5

		摄入重量 （g）	摄入热量 （kcal）	摄入蛋白质 （g）	摄入油 （g）	摄入盐 （g）	摄入水 （g）
晚餐	日式味噌汤	803	322	25.5	0	5.8	450
	日式蔬菜煮	386	261	9.7	0	1.2	0
	米饭	100	116	2.6	0	0	0
	啤酒	400	128	1.6	0	0	400
	晚餐总计		**827**	**39.4**			
零食	可乐	400	**172**	**0.4**	0	0	**400**
	一天总计		**3 076**	**140.7**	**37.5**	**10.7**	**1 502**

注：摄入量的计算方法为：

摄入重量参见记录；

摄入热量等于摄取重量（g）×单位热量；

摄入蛋白质、油、盐、水量等于 $\dfrac{总蛋白质（油、盐、水）量（g）}{总重量（g）}$ ×摄取重量（g）。

第五步,算出张君的一日盐、油和水的摄入量。

1. 张君的一日油摄入量为 37.5 g,超过推荐值 25 ~ 30 g。

2. 张君的一日食盐摄入量为 10.7 g,超过推荐值 6 g。

3. 张君的一日饮水量为 1 502 g,在推荐值内。

建议 有意识地减少油和盐的摄取量。

第六步,重复第一步到第五步的循环。

将"推荐每日热量摄取量"由初始值2 100 kcal逐渐减少到目标值 1 900 kcal。养成健康的饮食习惯,获得健康体重53 ~69 kg。

计算公式：

$$18.5 \times 1.70 \times 1.70（kg）~23.9 \times 1.70 \times 1.70（kg）=53~69\ kg$$

目　　录

中华料理

新 疆 菜 ———————————————— （22）

1. 烤羊排
2. 烤羊肉串
3. 椒麻鸡
4. 烤羊腿
5. 新疆拌面
6. 大盘鸡
7. 石河子凉皮
8. 孜然羊肉
9. 羊肉炒饭
10. 新疆炮肉
11. 夏河蹄筋
12. 烤包子
13. 丁丁炒面
14. 手抓饭
15. 馕包肉

粤　　菜 ———————————————— （28）

1. 木瓜盅
2. 皮蛋瘦肉粥
3. 豉椒鳝片
4. 子萝鸭片
5. 排骨菌菇煲
6. 生蚝煎蛋
7. 鲍鱼四宝羹
8. 白切鸡
9. 桂侯蒸鲩鱼
10. 虾饺
11. 滑蛋虾仁
12. 干菜扣肉
13. 脆皮酿大肠
14. 粤式凤吞翅
15. 豉汁蒸排骨
16. 糖醋咕噜肉
17. 蚝油凤爪
18. 脆皮乳鸽
19. 榴莲酥

贵 州 菜 ———————————————— （35）

1. 酸汤火锅
2. 油鸡枞
3. 蹄花冻
4. 牛肉粉
5. 番茄鸡片
6. 腌酸菜干烧鱼
7. 贵州辣子鸡
8. 清炒玉兰片
9. 魔芋野鸭
10. 三丁炒包谷
11. 土豆饼
12. 蕨菜炒腊肉
13. 芋头扣肉
14. 夹沙肉

北 京 菜 ———————————————— （40）

1. 豌豆黄
2. 炒木须肉
3. 回锅肉白菜
4. 葱爆羊肉
5. 涮羊肉
6. 鱼香肉丝
7. 京酱肉丝
8. 肉炒茄丝
9. 焦熘羊肉段
10. 黄瓜炒猪肝
11. 白汤杂碎
12. 煎蒸带鱼
13. 滑熘里脊
14. 驴打滚
15. 京东肉饼
16. 老北京杂酱面
17. 京味打卤面
18. 三不粘
19. 北京烤鸭

★★★★★★★★★★

健康从保持健康体重开始。

外国料理

> **健康**是一种躯体、精神与社会和谐融合的完美状态,而不仅仅是没有疾病或身体虚弱。

小吃饮料

四川菜:
麻与辣

1

0.76kcal/g

347kcal / **455g** 份

芝麻酱拌生菜

<u>蛋白质:10.5 g</u>
主料：生菜 400 g、芝麻酱 20 g
调料：香油 10 g、辣椒油 5 g、
　　　糖 5 g、酱油 5 g、盐 3 g、
　　　白醋、味精共 7 g

生菜含有抗氧化物，膳
食纤维素等成分。
芝麻酱富含蛋白质、氨
基酸及多种维生素。
本品润肠通便。

2

1.02kcal/g

692kcal / **676g** 份

香辣土豆丝

<u>蛋白质:15.8 g</u>
主料：土豆(黄皮)500
辅料：香菇(鲜)50 g、花生油 25 g、
　　　胡萝卜 25 g、青椒 50 g、
　　　料酒 3 g、淀粉 10 g、盐 3 g、
　　　葱、姜、味精共 10 g

土豆是一
种粮菜兼
用的蔬菜，
国外有地
下苹果、第
二面包之
美称。其营
养丰富，易
为人体消
化吸收。

干煸四季豆

3

> 蛋白质:73.3 g
>
> 主料:猪肉(瘦)100 g、四季豆200 g
> 辅料:虾米100 g、冬菜100 g、
> 　　　花生油15 g、香油3 g、酱油3 g、
> 　　　白砂糖5 g、盐3 g、大葱8 g、
> 　　　蒜5 g ,姜、味精共8 g

1.17kcal/g
646kcal
550g/份

> 荤素搭配。

4 水煮鲶鱼

1.19kcal/g
1 121cal
942g/份

> 鲶鱼含有丰富的蛋白质和矿物质。
> 记住多吃鱼少吃油。

> 蛋白质:137.9 g
>
> 主料:鲶鱼750 g
> 辅料:白糖4 g、辣椒油10 g、辣椒4 g,
> 　　　老抽30 g、豆瓣酱20 g、盐1 g、
> 　　　葱50 g、姜10 g、蒜30 g、淀粉30 g,
> 　　　花椒、花椒粉、味精共3 g

5 干锅泡椒牛蛙

1.28kcal/g
1 207kcal
943g/份

> 蛋白质:122.2 g
>
> 主料:牛蛙750 g、泡椒50 g
> 辅料:玉米油10 g、豆油50 g、
> 　　　辣椒酱8 g、酱油5 g、
> 　　　料酒15 g、盐5 g,
> 　　　紫苏、鱼露、萝卜共26 g,
> 　　　葱、姜、味精共24 g

> 牛蛙,
> 高蛋白、
> 低脂肪、
> 低胆固醇。
> 具有滋补解毒的功效。

6 口袋豆腐

1.32kcal/g
1 615kcal / **1 220g** / 份

蛋白质:96.8 g
主料:豆腐(北)1 000 g
辅料:冬笋 100 g、油菜心 50 g、
植物油 50 g、盐 3 g、
黄酒 5 g、碱 10 g，
胡椒、味精共 2 g

豆腐有南、北豆腐之分。
南豆腐质地细嫩，水分约为90%；北豆腐质地较老，水分约为85%。

7 青椒玉米

1.50kcal/g
299kcal / **200g** / 份

蛋白质:6.3 g
主料:玉米粒(鲜)150 g、
青椒 25 g
辅料:花生油 15 g、盐 10 g

富含膳食纤维，可防治便秘。

川菜调味品:
辣椒、花椒、胡椒、香糟、豆瓣酱、葱、姜、蒜。

8 毛血旺

1.54kcal/g
2 073kcal / **1 343g** / 份

蛋白质:143.0 g
主料:鸭血 500 g、黄豆芽 150 g
辅料:鳝鱼 100 g、猪肉(肥瘦)100 g、
火腿肠 150 g、黄花菜 50 g、
木耳(水发)50 g、莴笋 100 g、
辣椒(红、尖、干)15 g、
植物油 50 g、盐 3 g、葱 50 g，
料酒、花椒、味精共 25 g

食材多样，营养丰富。勿食浮油，减少热量。

9 夫妻肺片

本品高蛋白，氨基酸组成接近人体需要。

1.70kcal/g

694kcal

408g /份

蛋白质：72.7 g

主料：牛肉(肥瘦)200 g、牛肚50 g、牛舌50 g、牛心50 g

辅料：花生仁(炒)30 g、辣椒油4 g、酱油4 g、盐3 g、芝麻2 g，白酒、桂皮、八角共6 g，花椒、花椒粉、味精共9 g

干煸鳝片

10

1.81kcal/g

884kcal

488g /份

蛋白质：58.2 g

主料：鳝鱼300 g

辅料：芹菜75 g、香菜10 g、辣椒(红、尖、干)5 g、植物油50 g、香油10 g、糖5 g、豆瓣辣酱5 g、醋5 g、酱油5 g，姜、蒜、味精共18 g

鳝鱼味鲜柔美，并且刺少肉厚，又细又嫩，老少皆宜。

香辣虾

11

1.92kcal/g

1 576kcal

819g /份

蛋白质：116.7 g

主料：对虾500 g

辅料：榨菜50 g、芝麻100 g、辣椒油30 g、香油15 g、白糖30 g、生抽30 g、盐4 g、酒30 g、葱10 g，五香粉、鸡精、襄荷共20 g

虾为高蛋白食品，还含有钙、钾、碘、镁、磷等矿物质。

12 麻婆豆腐

2.03kcal/g
1 037kcal
510g /份

蛋白质:45.2 g

主料: 豆腐(北)300 g、
　　　猪肉(肥瘦)100 g

辅料: 色拉油 20 g、花椒粉 10 g、
　　　香油 5 g、豆瓣辣酱 30 g、
　　　酱油 5 g、料酒 10 g、
　　　芡粉、姜、葱、味精共 30 g

豆腐美称植物肉。蛋白质含量丰富,且属完全蛋白;此外还含有丰富的植物雌激素,为女性之佳品。

川菜味型:

三香: 葱、姜、蒜;

三椒: 辣椒、胡椒、花椒;

三料: 醋、郫县豆瓣酱、醪糟;

七滋: 酸、甜、苦、辣、麻、
　　　香、咸;

八味: 鱼香、麻辣、酸辣、干烧、
　　　辣子、红油、怪味、椒麻;

九杂: 用料多、用料杂。

13 坛子肉

2.60kcal/g
2 557kcal
985g /份

蛋白质:115.8 g

主料: 牛腩(腰窝)600 g

辅料: 胡萝卜 50 g、白萝卜 50 g、
　　　莲子 30 g、枣(干)20 g、
　　　白酒 100 g、番茄酱 30 g、
　　　盐 20 g、姜 75 g、味精 10 g

萝卜助于减肥,利于排毒。本品高蛋白,无烹调油。

14 钵钵鸡

2.61kcal/g
2 802kcal
1 073g /份

蛋白质:143.2 g

主料: 公鸡肉 700 g

辅料: 芝麻 15 g、辣椒油 150 g、
　　　香油 10 g、白砂糖 3 g、
　　　姜 50 g、大葱 100 g、
　　　酱油 8 g、料酒 15 g、盐 5 g、
　　　胡椒粉、花椒粉共 11 g,
　　　味精、鸡精共 6 g

食用时避开多量的油汤,可以降低能量的摄入。

15 红油抄手

2.95kcal/g
1 561kcal
530g /份

蛋白质:67.4 g
主料:小麦面粉 275 g、瘦猪肉 150 g
辅料:鸡蛋清 30 g、色拉油 10 g、
　　　香油 20 g、辣椒油 15 g、
　　　酱油 5 g、醋 15 g,
　　　淀粉(豌豆)、味精共 10 g

主食副食全,单位热量高。

16 宫保鸡丁

3.14kcal/g
1 593kcal
508g /份

蛋白质:65.0 g
主料:鸡肉 250 g
辅料:花生仁(炸)50 g、植物油 80 g、
　　　辣椒(红、尖、干)10 g、盐 3 g、
　　　白砂糖 5 g、酱油 20 g、
　　　黄酒 25 g、醋 8 g、大葱 15 g、
　　　淀粉、花椒、姜蒜、味精共 42 g

花生含有维生素E 和锌,能增强记忆,滋润皮肤。

17 豆瓣全肘

3.27kcal/g
5 099kcal
1 559g /份

蛋白质:257.1 g
主料:猪肘 1 500 g
辅料:豆瓣辣酱 5 g、花生油 30 g、
　　　酱油 5 g、料酒 4 g,
　　　花椒、葱、姜、味精共 15 g

猪肘含有大量的胶原蛋白质,可使皮肤丰满、润泽。
本品单位热量高,适合强体增肥者。

18 沸腾鱼

3.82 kcal/g
5 380kcal
1 410g / 份

蛋白质：143.6 g
主料：青鱼 500 g
辅料：黄豆芽 200 g、鸡蛋清 30 g、
辣椒(红、尖、干)50 g、
粟米油 500 g、
大葱 50 g、大蒜 50 g、
料酒 20 g、盐 10 g

本品高蛋白，
但以油为汤，
热量偏高，
油汤不易入
口。

巧妙食用川菜：
川菜滑润麻辣，
诱人开胃，容易过食。
记牢热量排名，
合理选餐，用脑进食，
避开浮油，美食减肥。

19

酥炸茄饼

5.22 kcal/g
7 289kcal
1 397g / 份

蛋白质：68.2 g
主料：茄子(紫皮、长)250 g、
猪肋条肉(五花肉)400 g
辅料：小麦面粉 50 g、鸡蛋 150 g、
花生油 500 g、香油 5 g、
盐 5 g、葱、姜、蒜共 26 g，
胡椒粉、味精共 11 g

茄子富含黄酮类
化合物，可以保
护心血管及抗衰
老。
本品用油量多，
不宜多食。

xiāng 湘 菜 cài

1

0.63kcal/g
176kcal
281g /份

黑木耳炒蛋

蛋白质:17.7 g

主料：黑木耳(水发)150 g、鸡蛋 100 g
辅料：香油 2 g、大葱 10 g、香菜 12 g、
　　　盐 5 g、味精 2 g

木耳中铁含量
丰富，可预防
贫血。
鸡蛋为优质蛋
白质。

湘菜：
辣和腊

2

0.73kcal/g
310kcal
427g /份

手撕包菜

蛋白质:11.8 g

主料：圆白菜 350 g、
　　　辣椒（红、尖、干）30 g
辅料：植物油 15 g、大葱 10 g、
　　　酱油 5 g、盐 3 g、蒜 5 g，
　　　花椒粉、味精、鸡精共 9 g

本品富含维生
素 C 和叶酸。

椒麻四季豆

3

0.96kcal/g
326kcal
338g /份

本品富含多种必需氨基酸。蛋白质含量在蔬菜中相对较高。

蛋白质:8.9 g
主料：四季豆250 g、辣椒(青、尖)30 g、
　　　辣椒（红、尖、干）15 g
辅料：植物油15 g、辣椒油3 g、香油3 g、
　　　酱油膏5 g、白砂糖2 g、醋3 g，
　　　葱、蒜、花椒粉、鸡精共12 g

---

4 干锅牛蛙

0.96kcal/g
1 073kcal
1 118g /份

高蛋白质；低量脂肪；低胆固醇。

蛋白质:158.9 g
主料：牛蛙1 000 g、红尖椒30 g
调料：植物油20 g、香油3 g、
　　　啤酒25 g、姜10 g、
　　　大蒜(白皮)20 g、盐2 g，
　　　葱、胡椒粉、鸡精共8 g

---

5 铁板串烧虾

1.01kcal/g
703kcal
695g /份

虾的肉质细嫩,易被消化吸收。

蛋白质:87.1 g
主料：海虾500 g、洋葱(白皮)25 g、
　　　草菇30 g、青尖椒30 g、菠萝50 g
调料：植物油20 g、香油5 g、糖5 g、盐3 g、
　　　酱油5 g，黄酒、葱、姜、味精共22 g

6 鸳鸯鱼头

1.10kcal/g
3 912kcal / **3 550g** / 份

蛋白质:465.4 g
主料:鲢鱼头 2 500 g、辣椒酱 400 g、辣椒(红、尖)400 g
调料:植物油 100 g、啤酒 30 g、白醋 20 g、葱 20 g、豆豉 10 g、姜 15 g、蒜 20 g、白砂糖 8 g、盐 7 g、味精 20 g

鱼头肉质细嫩、含有鱼身缺乏的卵磷脂,健脑。

麻酱油麦菜

7

1.28kcal/g
462kcal / **360g** / 份

蛋白质:8.5 g
主料:油麦菜 290 g、花生酱 50 g
调料:花生油 10 g、白芝麻 10 g

油麦菜,长叶莴苣,其营养价值略高于生菜,优于莴笋。本品热量主源于花生酱。

酸辣土豆丝

8

1.31kcal/g
494kcal / **377g** / 份

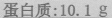

蛋白质:10.1 g
主料:土豆(黄皮)300 g、辣椒(红、尖)15 g、辣椒(青、尖)15 g
辅料:花生油 20 g、香油 5 g、醋 5 g、辣椒(红、尖、干)5 g、大葱 5 g、盐 3 g、花椒粉、味精共 4 g

本品富含维生素和钙、钾,易消化。
减少花生油的用量,可降低本品热量。

湘菜特色:
一、刀工精妙,形味兼美;
二、长于调味,品味丰富;
三、选料广泛,技法多样。

9 农家小炒肉

1.35kcal/g
622kcal / **460g** 份

蛋白质:15.3 g
主料:猪肋条(五花)肉 80 g、
　　　辣椒(青、尖)300 g
调料:猪油(炼制)3 g
　　　酱油 15 g、姜 15 g
　　　大蒜(白皮)40 g
　　　盐 5 g、味精 2 g

猪肉含丰富的优质蛋白质,脂肪含量因肉的肥瘦程度而异。

10 酸辣腰花

1.37kcal/g
1 229kcal / **895g** 份

蛋白质:106.2 g
主料:猪腰子 600 g、冬笋 50 g、
　　　干香菇 20 g、辣椒(红、尖)50 g
调料:猪油(炼制)40 g、香油 15 g、
　　　大蒜(白皮)50 g、黄酒 25 g、
　　　酱油 20 g、淀粉(蚕豆)20 g、
　　　盐 3 g、味精 2 g

本品健肾壮腰,但胆固醇含量高。

11 麻辣野兔丁

1.45kcal/g
1 866kcal / **1 288g** 份

蛋白质:170.9 g
主料:兔肉(野)1 000 g、青蒜 50 g、
　　　辣椒(红、尖)50 g
调料:花生油 100 g、黄酒 25 g、
　　　酱油 25 g、淀粉 15 g、盐 5 g、
　　　醋 15 g,花椒粉、味精共 3 g

兔肉富含卵磷脂,脂肪和胆固醇的含量低,不饱和脂肪酸比猪肉高。

12 家常豆腐

1.62kcal/g
1 074kcal / **份**
664g

蛋白质:56.4 g

主料:豆腐(北)500 g、青蒜30 g、
猪肋条肉(五花肉) 30 g、
黑木耳(水发)15 g

调料:花生油20 g、香油5 g、
豆瓣酱40 g、白砂糖3 g、
黄酒5 g、酱油5 g、盐4 g,
淀粉(豌豆)、味精共7 g

本品不可缺少的配料青蒜,又叫蒜苗。具有蒜的辛辣味道,但无蒜的刺激性。

13 泡椒凤爪

1.96kcal/g
832kcal / **份**
424g

蛋白质:74.8 g

主料:鸡爪300 g、
辣椒(红、尖)100 g

辅料:大蒜(白皮)10 g、
盐5 g、味精2 g,
花椒粉、胡椒粉共7 g

鸡爪富含胶原蛋白和钙质。鸡爪的脆骨及韧带别具风味,适合卤味。

湘菜味型:
口味干辣,
注重鲜、酸辣、软嫩。
以烟熏腊肉为独特。

烹调方法:
以炒、煨、腊、蒸、
炖、熘见长。

14 油炸臭豆腐

2.11kcal/g
2 541kcal
1 207g / **份**

蛋白质:95.6 g

主料:北豆腐1 000 g 、

调料:植物油80 g 、
辣椒油50 g 、
酱油50 g 、
香油25 g 、
味精2 g

臭豆腐在制成过程中,合成大量维生素B$_{12}$。

15 香麻手撕鸡

2.26kcal/g
1 985kcal
880g／份

蛋白质:150.6 g
主料: 鸡肉750 g 、
　　　白芝麻25 g 、
　　　香菜25 g
调料: 猪油(炼制)50 g 、
　　　香油10 g 、冰糖3 g 、
　　　白砂糖10 g 、
　　　盐5 g 、味精2 g

禽肉是高蛋白低脂肪的食物,特别是鸡肉中赖氨酸的含量比猪肉高。

16 干锅飘香鸡

2.44kcal/g
3 076kcal
1 260g／份

蛋白质:173.5 g
主料: 公鸡800 g 、芹菜100 g
调料: 猪油(炼制)150 g 、香油10 g 、
　　　辣椒(红、尖、干)50 g 、
　　　葱40 g 、姜25 g 、黄酒15 g 、
　　　豆瓣30 g 、豆豉15 g 、
　　　糖4 g 、盐5 g 、五香粉5 g ,
　　　花椒、鸡精、味精共11 g

公鸡属阳性,补虚弱,适合于男性青、壮年身体虚弱者食用。

17 红烧猪蹄

2.54kcal/g
6 057kcal
2 382g／份

蛋白质:522.3 g
主料: 猪蹄2 300 g
调料: 酱油35 g 、
　　　白砂糖10 g 、
　　　大葱20 g 、
　　　黄酒10 g ,
　　　姜、桂皮共7 g

猪蹄富含胶原蛋白,有利于皮肤健康。

健康食用湘菜:
湘菜干辣,有提热、开胃、祛湿、祛风之效。
但干辣椒容易上火,不适合在炎热的夏天和北方地区食用。
湘菜油重色浓,特别注意盐分摄取,勿过量。

18

酸辣鱿鱼片

3.26kcal/g

1 396kcal

428g /份

蛋白质:45.4 g

主料:鱿鱼干50 g、猪肉(肥瘦)50 g
冬笋50 g、香菇(鲜)50 g
调料:猪油(炼制)80 g、香油15 g、
大蒜(白皮)50 g、黄酒25 g、
辣椒(红、尖、干)1 g、盐5 g、
酱油35 g,淀粉、味精共17 g

鱿鱼富含蛋白质和人体必需氨基酸,以及钙、磷、铁元素。此外还含有大量的牛磺酸。

19 蒜苗腊肉

4.31kcal/g

1 723kcal

400g /份

蛋白质:37.5 g

主料:腊肉(生)300 g、
青蒜20 g、
辣椒(红、尖)30 g
调料:植物油15 g、香油5 g、
黄酒25 g、白砂糖3 g、
味精2 g

腌渍食品,开胃消食。

20 干锅茶树菇

4.42kcal/g

1 171kcal

265g /份

蛋白质:34.3 g

主料:茶树菇(柳松茸)100 g、
猪肋条(五花)肉50 g
辅料:植物油50 g、辣椒油5 g、
辣椒(红、尖、干)30 g、
大葱10 g、糖5 g、香油1 g、
豆瓣酱5 g、豆瓣辣酱5 g、
盐2 g,胡椒粉、鸡精共2 g

茶树菇中赖氨酸含量高。

本 帮 江 浙 菜

1

0.49kcal/g

161kcal

330g /份

蒜蓉蒸茄子

蛋白质：7.8 g

主料：茄子(紫皮、长)250 g、

　　　大蒜(白皮)50 g

调料：黄酱(豆瓣)25 g、

　　　香油2 g、盐3 g

大蒜是古老的药食两用珍品，具有杀菌作用。

江浙菜：

鱼虾蟹

青叶菜

2

0.91kcal/g

233kcal

255g /份

凉拌海蜇头

蛋白质：13.4 g

主料：海蜇头200 g

调料：香油5 g、白砂糖5 g、

　　　葱20 g、姜20 g、

　　　盐3 g、味精2 g

海蜇含碘，降低血压，清热祛痰。

3 清蒸鲫鱼

1.03kcal/g
919kcal / 份
888g

鲫鱼味鲜肉细，富含蛋白质、脂肪及钙、磷、铁；其中脂肪含量居鱼类之首，多为不饱和脂肪酸。

蛋白质：127.4 g
主料：鲫鱼 700 g、香菇(鲜)40 g、
虾米 2 g、火腿 30 g、春笋 60 g
调料：黄酒 25 g、姜 10 g、小葱 10 g、
香菜 5 g、白砂糖 3 g、
胡椒粉 1 g、盐 2 g

4 清蒸大闸蟹

1.15kcal/g
3 528kcal / 份
3 070g

蛋白质：450.5 g
主料：螃蟹 2 500 g
调料：香油 20 g、
白砂糖 150 g、
酱油 150 g、
醋 150 g、
小葱 50 g、
姜 50 g

螃蟹富含蛋白质及微量元素。

妃子醉虾 5

醉虾，顾名思义，虾在酒中浸泡腌制而成。

蛋白质：80.7 g
主料：河虾 400 g
辅料：白酒 50 g、
枸杞子 15 g、
大葱 10 g、
姜 10 g、盐 30 g、
花椒 10 g、
味精 30 g

1.17kcal/g
649kcal / 份
555g

6 蟹黄豆腐

1.36kcal/g
1 089kcal
801g /份

蛋白质:101.0 g
主料:豆腐(南)400 g
辅料:螃蟹200 g、植物油30 g、
鸡蛋75 g、虾仁75 g、
芡粉5 g、大葱8 g、
姜3 g、盐5 g

螃蟹去壳,剥取蟹肉、蟹黄入料。亦有以咸鸭蛋黄代替蟹黄之做法。

7 油爆虾

1.48kcal/g
1 048kcal
710g /份

蛋白质:85.9 g
主料:河虾500 g
调料:花生油30 g、香油10 g、
白砂糖50 g、黄酒10 g、
酱油25 g、醋60 g、
姜10 g、大葱10 g、
盐3 g、味精2 g

虾的肉质肥嫩鲜美,既无鱼腥味,又无骨刺,老幼皆宜。

8 豆瓣鳝糊

1.55kcal/g
1 161kcal
750g /份

蛋白质:82.7 g
主料:鳝鱼300 g
辅料:豆瓣100 g、韭菜200 g、
花生油50 g、香油5 g、
胡椒粉20 g、黄酒10 g、
淀粉10 g、盐25 g,
姜、葱、味精共30 g

鳝鱼富含 DHA 和卵磷脂,它是构成人体各器官组织细胞膜的主要成分,是脑细胞不可缺少的营养成分。

本帮(上海)菜
特色:
浓油赤酱、咸淡适中、
保持原味、醇厚鲜美。
烹调:
以红烧、煨为主。
口味:
咸中带甜、油而不腻。

9 田螺塞肉

2.00kcal/g
2 052kcal
1 025g /份

蛋白质:121.8 g
主料：田螺 500 g、
　　　猪肉(肥瘦)250 g
调料：植物油 50 g、香油 10 g、
　　　黄酒 50 g、酱油 100 g、
　　　胡椒粉 20 g、味精 20 g、
　　　盐 15 g,葱、姜共 10 g

田螺富含蛋白质、维生素及人体必需的氨基酸、微量元素，是典型的高蛋白、低脂肪、高钙食品。

10 竹笋烧咸肉

蛋白质:98.0 g
主料：咸肉 250 g、
　　　猪肉(肥瘦)250 g、
　　　竹笋 500 g
调料：黄酒 25 g、姜 5 g、
　　　大葱 5 g、盐 15 g、
　　　味精 20 g

2.05kcal/g
2 192kcal
1 070g /份

竹笋低糖、低脂,富含植物纤维,适合肥胖和习惯性便秘的人食用。

11 口水鸡

2.17kcal/g
1 737kcal
800g /份

蛋白质:123.7 g
主料：童子鸡 550 g
调料：香油 45 g、白砂糖 10 g、
　　　花生 30 g、白芝麻 20 g、
　　　黄酒 10 g、酱油 10 g、
　　　醋 15 g、辣椒粉 45 g、
　　　花椒粉 10 g、小葱 10 g、
　　　姜 15 g、大蒜 30 g

童子鸡，是指生长刚成熟但未配育过的小公鸡。
口水鸡为川菜一道名菜。

本帮(江浙)菜

特色:
注重以蔬菜为原料,鱼虾蟹贝为辅。

烹调:
煨、炖、焖、烩、蒸,带汤汁。

口味:
偏甜、偏淡,多用香糟;
形色取其自然,不刻意追求。

12

苔条黄鱼

2.25kcal/g

702kcal / **312g** 份

蛋白质:43.2 g
主料: 大黄鱼 200 g
辅料: 小麦面粉 30 g、
紫菜(干)15 g、 小葱 5 g、
花生油 30 g、 香油 10 g、
黄酒 15 g、 发酵粉 3 g、
胡椒粉 1 g、 盐 3 g

黄鱼富含微量元素硒,能清除自由基,延缓衰老。

2.27kcal/g

4 147kcal / **1 831g** 份

13

樟茶鸭

本品多数辛香调味料,
芳香可口,祛腥解腻,
行气理气,暖胃消食。

蛋白质:265.3 g
主料: 鸭 1 700 g
调料: 草豆蔻 7 g、百灵草 7 g、
排草香 7 g、 花椒 9 g、
陈皮 7 g、 桂皮 15 g、
八角 9 g、 盐 50 g、
大葱 10 g、 姜 10 g

14

醉鸡

2.37kcal/g

5 183kcal / **2 185g** 份

蛋白质:407.6 g
主料: 母鸡 2 000 g
调料: 黄酒 80 g、姜 10 g、
香糟 20 g、 桂皮 3 g、
八角 2 g、 小葱 10 g、
盐 60 g

母鸡比较适合产妇、年老体弱及久病体虚者食用。
香糟香味浓厚,能补充多种蛋白质和维生素。

15 上海酱鸭

2.38kcal/g
6 320kcal
2 660g /份

蛋白质:329.5 g
主料:鸭 2 000 g
调料:植物油 20 g、香油 10 g、
　　　酱油 50 g、黄酒 50 g,
　　　甘草、花椒、八角各 50 g、
　　　白砂糖 200 g、盐 150 g,
　　　大葱、姜、味精共 30 g

鸭肉的脂肪酸熔点低,易于消化,其 B 族维生素和维生素 E 含量较其他肉类多。甘草润肺、解毒。

16 清炒河虾仁

2.70kcal/g
1 214kcal
449g /份

蛋白质:154.5 g
主料:河虾仁 350 g
辅料:胡萝卜 5 g、豌豆 5 g、
　　　冬笋 5 g、猪油(精炼)50 g、
　　　淀粉(玉米)15 g、盐 2 g、
　　　黄酒 3 g、醋 5 g,
　　　葱、蒜、味精共 9 g

该菜清新爽口,蛋白质丰富。

健康食用本帮菜:

新派本帮菜推翻传统的浓油赤酱,追求清淡,少糖少酱油。
江浙菜肴营养丰富、色淡味鲜、清爽可口、返璞归真、营养保健。
选店用心,点菜用脑,吃菜用眼,品味用舌。

17 青豆泥

蛋白质:106.5 g
主料:青豆 300 g
辅料:牛奶 100 g、
　　　花生油 10 g、
　　　白糖 40 g

3.16kcal/g
1 423kcal
450g /份

青豆富含不饱和脂肪酸和大豆磷脂等成分。

18 蟹粉小笼包

3.35kcal/g
8 139kcal
2 430g /份

蛋白质:367.7 g

主料：小麦面粉 1 000 g、蟹黄粉 200 g、
猪肉(肥瘦)600 g、肉皮冻 500 g
调料：白砂糖 25 g、酱油 15 g、盐 35 g、
黄酒 25 g、姜 5 g、大葱 5 g，
酵母、胡椒粉、味精共 20 g

皮薄透明，馅多汁重。汤汁来自肉皮冻。

19 生煎包

3.75kcal/g
5 066kcal
1 350g /份

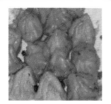

蛋白质:135.2 g

主料：小麦面粉 600 g、猪肉(肥瘦)400 g
调料：猪油(炼制)60 g、香油 75 g、
白砂糖 15 g、黄酒 15 g、盐 8 g、
酱油 25 g、酵母 20 g、姜 25 g、
大葱 100 g，味精、碱共 7 g

有名的传统上海小吃。也有肉皮冻入馅的做法。

老弄堂红烧肉

20

5.47kcal/g
3 161kcal
578g /份

蛋白质:47.0 g

主料：五花肉 500 g
调料：猪油(炼制)25 g、
白砂糖 20 g、黄酒 20 g、
姜 5 g、葱 5 g、盐 3 g

猪皮富含胶原蛋白，滋润皮肤。控制食量和次数，减少热量摄取。

新疆菜 xīn jiāng cài

清真

1 烤羊排

0.95kcal/g
298kcal
313g /份

蛋白质:25.0 g
主料:羊排 100 g
辅料:洋葱 100 g、生菜 50 g、
孜然 30 g、辣椒粉 20 g、
盐 10 g、味精 3 g

> 新疆菜的羊肉口感滑嫩,没有膻味,食之爽口,不会上火。

> 新疆菜:牛羊肉,烧烤馕,水果多。

2

1.09kcal/g
2 479kcal /
2 270g /份

烤羊肉串

蛋白质:416.2 g
主料:羊肉(瘦)2 000 g
辅料:洋葱(白皮)150 g、
辣椒粉 30 g、
孜然 50 g、盐 40 g

> 羊肉肉质鲜嫩,孜然味道浓郁,入口肥香热辣。

椒麻鸡 ③

1.17kcal/g
547kcal
466g /份

花椒，
味辛性热，芳香健胃，
温中散寒，除湿止痛。

<u>蛋白质：53.5 g</u>
主料：鸡肉250 g
辅料：洋葱(白皮)100 g、
　　　酱油30 g、
　　　大葱50 g、
　　　姜15 g、
　　　生花椒15 g、
　　　香油1 g、
　　　盐4 g、味精1 g

烤羊腿 ④

<u>蛋白质：160.0 g</u>
主料：羊后腿750 g
调料：花椒15 g、八角10 g、
　　　小茴香10 g、姜5 g、
　　　蜂蜜42 g、酱油10 g、
　　　大葱10 g、辣椒粉10 g、
　　　盐10 g

羊肉富含蛋白质、矿
物质和多种维生素。
羊的脂肪熔点为
47℃，高于人的体温，
不易被吸收。

1.27kcal/g
1 109kcal
872g /份

新疆菜烹调：
多采用爆、烤、涮、烧、酱、扒、
蒸的制作方法。
口味：
辛辣、香辣、酸辣、咸辣、麻辣。
调料：
孜然、辣椒、花椒。

⑤ 新疆拌面

1.39kcal/g
687kcal
494g /份

<u>蛋白质：32.2 g</u>
主料：手擀面200 g、
　　　牛肉(瘦)50 g
辅料：青蒜30 g、芹菜50 g、
　　　洋葱(白皮)50 g、
　　　西红柿100 g、
　　　酱油10 g、
　　　盐3 g、味精1 g

熟面和炒菜拌制而
成。面食为主，菜食
为辅，菜可荤可素，
口味随意而定。

6 大盘鸡

典型的一道新疆菜，
健脾开胃；多种辣椒，
可加速新陈代谢。

蛋白质：129.9 g
主料：公鸡 500 g、土豆(黄皮)300 g
辅料：口蘑 50 g、辣椒(青、尖)50 g、
辣椒(红、尖)50 g、植物油 75 g、
辣椒(红、尖、干)20 g、
大蒜(白皮)10 g、大葱 10 g、
姜 10 g、花椒 15 g、
八角 5 g、桂皮 5 g

1.82kcal/g
2 006kcal
1 100g / 份

7 石河子凉皮

蛋白质：72.3 g
主料：小麦面粉 400 g
辅料：猪肉(瘦)100 g、
绿豆芽 200 g、
黄瓜 100 g、酱油 2 g、
辣椒油 10 g、酵母 2 g、
大蒜(白皮)3 g、
陈醋 10 g、盐 3 g

小麦面粉制
品，佐以各
种调料。
猪肉配料
更爽口。

2.03kcal/g
1 684kcal
830g / 份

8 孜然羊肉

蛋白质：61.5 g
主料：羊肉(后腿)300 g
辅料：植物油 80 g、
黄酒 30 g、
香菜 30 g、
辣椒粉 10 g、
孜然 15 g、
大葱 20 g、姜 20 g、
味精 3 g、盐 1 g

孜然含有黄酮、
挥发油、油脂、糖
类、氨基酸、蛋白
质及矿物质等成
分。

2.20kcal/g
1 122kcal
509g / 份

⑨ 羊肉炒饭

炒饭，羊肉代猪肉，热量大减。

2.24kcal/g
1 574kcal /
701g / 份

蛋白质：49.8 g
主料：米饭(蒸)200 g
辅料：羊肉(瘦)150 g、
　　　圆白菜 100 g、火腿 50 g、
　　　花生油 100 g、黄酒 50 g、
　　　酱油 25 g、大葱 10 g、
　　　盐 6 g、味精 10 g

⑩ 新疆炮肉

荤素搭配，营养丰富，味道鲜美。

2.25kcal/g
925kcal /
411g / 份

蛋白质：37.3 g
主料：羊肉(瘦)150 g、
　　　番茄、青椒各 25 g、
　　　胡萝卜、洋葱各 25 g、
　　　粉丝 40 g
辅料：花生油 50 g、
　　　香油 10 g、鸡蛋清 30 g、
　　　淀粉(豌豆)5 g、
　　　料酒 15 g、姜 5 g、
　　　盐 3 g、味精 3 g

⑪ 夏河蹄筋

2.44kcal/g
641kcal /
263g / 份

蛋白质：56.0 g
主料：羊蹄筋(生)150 g
辅料：水发木耳 15 g、干黄花菜 15 g、
　　　淀粉(蚕豆)20 g、植物油 20 g、
　　　香油 10 g、胡椒粉 3 g、花椒粉 3 g、
　　　小葱 10 g、大蒜(白皮)5 g、姜 3 g、
　　　盐 3 g、碱、味精共 6 g

羊蹄筋中含有丰富的胶原蛋白。

(12) 烤包子

小麦面粉制品,体验羊肉风味。

2.55kcal/g
2 220kcal / 870g /份

蛋白质:129.1 g
主料:小麦面粉 500 g
辅料:羊肉 300 g、
　　　大葱 10 g、
　　　黑胡椒粉 10 g、
　　　孜然粉 10 g、
　　　白胡椒粉 10 g、
　　　酵母 20 g、盐 10 g

(13) 丁丁炒面

2.64kcal/g
1 504kcal / 570g /份

蛋白质:64.2 g
主料:小麦面粉 300 g
辅料:鸡肉 150 g、圆白菜 25 g、
　　　洋葱(白皮)、胡萝卜各 30 g、
　　　植物油 20 g、酱油 5 g、
　　　醋 5 g、胡椒粉 1 g、
　　　花椒粉 2 g、盐 2 g

新疆面食,口感筋道,色泽鲜艳。

(14) 手抓饭

2.81kcal/g
3 665kcal / 1 305g /份

糙米中含有丰富的 B 族维生素和维生素 E,能提高人体免疫功能,促进血液循环。

蛋白质:83.7 g
主料:糙米 1 000 g
辅料:土豆(黄皮)100 g、
　　　洋葱(白皮)100 g、
　　　胡萝卜 100 g、
　　　盐 5 g

15 馕包肉

蛋白质:154.9 g

主料: 带皮羊肋条肉 500 g、
　　　烤馕一只 804 g
调料: 色拉油 50 g、辣油 5 g、
　　　洋葱丝 5 g、草果 1 g、
　　　黄酒 15 g、麦芽糖 5 g、盐 3 g、
　　　葱 5 g、姜 5 g、淀粉(玉米)10 g，
　　　辣椒粉、孜然粉共 2 g，
　　　香叶、桂皮共 2 g

新疆特色一品，
主副食一品，
荤素菜一盘，
多样香辛料，
健脾又开胃，
色料随意配，
注意高热量。

3.03kcal/g

4 280kcal
1 413g / 份

烤馕

804g / 2 701kcal /只

新疆菜特点:
一、善于烤制食物;
二、精于制作羊肉;
三、口感以辣为主;
四、主食独特;
五、小吃丰富;
六、水果同餐。

新疆菜
以清真为主;
多吃牛羊肉;
香辛料多芳香健胃;
主副搭配荤素全套;
水果同桌健康营养。

yuè cài

粤菜

1

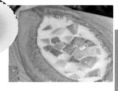

木瓜盅

0.68kcal/g

380kcal / 560g 份

木瓜富含木瓜蛋白酶，可消化蛋白质，利于人体消化和吸收。

蛋白质:11.2 g

主料：木瓜 400 g
辅料：牛奶 100 g、
白砂糖 10 g、
白果(干)50 g

粤菜广式菜:
生猛鲜活
清淡适口

2

皮蛋瘦肉粥

0.78kcal/g

1 191kcal / 1 520g 份

蛋白质:64.2 g

主料：稻米 200 g
辅料：松花(鸭)蛋 200 g、
猪肉(瘦)100 g、
姜 10 g、水 1 000 g、
鸡精 5 g、盐 5 g

松花蛋在加工中蛋白质分解产生氨和硫化氢，使其具有独特的风味，有刺激食欲、帮助消化、中和胃酸、清凉降压的功效。

3 豉椒鳝片

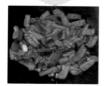

蛋白质:99.3 g

主料:鳝鱼 500 g、辣椒(青、尖)250 g
辅料:植物油 50 g、香油 1 g、糖 2 g、
　　　豆豉 15 g、白醋 15 g、蒜 5 g、
　　　小葱 10 g、黄酒 5 g、老抽 3 g、
　　　盐 6 g，淀粉、胡椒粉、味精共 10 g

鳝鱼所含的特种物质"鳝鱼素"，能降低血糖和调节血糖。

1.21kcal/g
1 057kcal
872g / 份

---

4 子萝鸭片

1.40kcal/g
1 149kcal
818g / 份

蛋白质:37.0 g

主料:鸭肉 200 g、
　　　子姜 300 g、菠萝 150 g
辅料:植物油 40 g、白砂糖 20 g
　　　辣椒(红、尖)25 g、白醋 30 g、
　　　鸡蛋清 10 g、香油 1 g、盐 5 g、
　　　黄酒、淀粉、葱蒜、味精共 37 g

菠萝味甘、微涩，性平，有清暑解渴、消食止泻等作用。
吃菠萝时，去皮，去果丁，盐水浸洗，使有机酸分解在盐水里，避免中毒。

---

5 排骨菌菇煲

1.47kcal/g
1 342kcal
910g / 份

蛋白质:67.4 g

主料:猪小排 200 g、
　　　香菇(鲜)200 g
辅料:蜂蜜(天麻)100 g、
　　　金针菇 300 g、
　　　莲子(干)100 g、
　　　盐 10 g

莲子有益心补肾、健脾止泻、固精安神的功效。

⑥ 生蚝煎蛋

1.62kcal/g
610kcal / **376g**／份

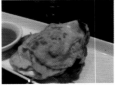

蛋白质：32.8 g
主料：牡蛎(鲜)150 g、
　　　鸡蛋 175 g
辅料：植物油 30 g、
　　　香油 1 g、江米酒 5 g、
　　　姜 5 g、胡椒粉 2 g、
　　　盐 5 g、味精 3 g

牡蛎富含
牛磺酸，有
明显的保
肝利胆作
用；牡蛎还
含有锌和
钙等成分。

⑦ 鲍鱼四宝羹

1.74kcal/g
917kcal / **526g**／份

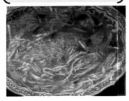

蛋白质：105.9 g
主料：韭黄 100 g、鲍鱼 100 g、
　　　叉烧肉 75 g、竹笋 75 g、
　　　鱼肚 75 g
辅料：香菇(干)20 g、木耳(干)10 g、
　　　植物油 25 g、酱油 10 g、盐 5 g、
　　　料酒 2 g、姜 5 g、葱 8 g，
　　　芡粉、胡椒粉、味精共 16 g

鲍鱼含有
丰富的蛋
白质，还
有较多的
钙、铁、
碘和维生
素A。

⑧ 白切鸡

1.88kcal/g
2 659kcal / **1 418g**／份

蛋白质：242.7 g
主料：童子鸡 1 250 g
辅料：花生油 60 g、
　　　姜 50 g、葱 50 g、
　　　盐 8 g

童子鸡的蛋白
质比老鸡的弹
性结缔组织少，
易被人体消化
吸收。

粤菜的特点：
一、取材广、品种多、肴馔奇；
二、讲究清鲜、滑嫩、脆爽，
　　随时节变化；
三、烹饪技法独特，融洽他菜系，
　　独具一格；
四、调料独特，多为其他菜系不用。

9 桂侯蒸鲩鱼

1.96kcal/g
1 797kcal
919g /份

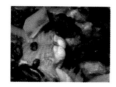

蛋白质：135.8 g

主料：草鱼 750 g
辅料：猪肉(肥)75 g、植物油 20 g、
　　　香油 1 g、豆豉 30 g、
　　　大蒜 10 g、酱油 2 g、盐 4 g、
　　　白砂糖 10 g、香菜 10 g，
　　　胡椒粉、陈皮、味精共 7 g

草鱼含有丰富的不饱和脂肪酸、硒元素。肉嫩不腻、开胃滋补。

10 虾饺

2.00kcal/g
1 137kcal
568g /份

蛋白质：46.3 g

主料：小麦淀粉 100 g、
　　　玉米淀粉 30 g、
　　　海虾 250 g、
　　　金针菇 100 g、
　　　猪肉(肥)45 g
调料：橄榄油 10 g、
　　　料酒 10 g、
　　　姜 15 g、盐 8 g

虾又叫海米、开洋，可分二大类。
淡水虾：青虾、河虾、草虾、小龙虾等；
海水虾：对虾、明虾、基围虾、琵琶虾、龙虾等。

11 滑蛋虾仁

2.12kcal/g
1 324kcal
626g /份

蛋白质：150.7 g

主料：虾仁 250 g、鸡蛋 300 g
辅料：植物油 50 g、香油 1 g、
　　　葱 10 g、淀粉(蚕豆)3 g，
　　　胡椒粉、苏打粉共 3 g、
　　　盐 6 g、味精 3 g

鸡蛋含有蛋白质、脂肪、卵黄素、卵磷脂、维生素和铁、钙、钾等。

12 干菜扣肉

2.46kcal/g
1 345kcal / 份
547g

蛋白质:71.7 g
主料:猪肉(肥瘦)230 g、
　　　梅干菜300 g
调料:酱油10 g、香菜5 g、
　　　味精2 g

梅干菜,
香气浓郁,
味道鲜美,
滋味爽口,
生津开胃。

13 脆皮酿大肠

2.63kcal/g
1 924kcal / 份
733g

蛋白质:60.0 g
主料:猪大肠400 g、
　　　绿豆100 g、糯米125 g
调料:植物油30 g、麦芽糖15 g、
　　　黄酒10 g、白醋15 g、
　　　醋10 g、淀粉(蚕豆)15 g、
　　　盐10 g、味精3 g

猪大肠含蛋白
质和脂肪。
绿豆含蛋白质
和磷脂。

粤菜的口味:
五滋:香、松、软、肥、浓;
六味:酸、甜、苦、辣、咸、鲜。
夏秋偏重清淡、冬春偏重浓郁。
烹调方法:
炒、扒、焖、烩、炖。
离不开"熬汤"。

14 粤式凤吞翅

2.66kcal/g
3 795kcal / 份
1 426g

蛋白质:356.3 g
主料:鱼翅(干)120 g、
　　　母鸡 1 250 g
辅料:猪油(炼制)15 g、
　　　黄酒10 g、姜10 g、
　　　小葱10 g、香油1 g、
　　　盐4 g、淀粉、味精共6 g

鱼翅含有丰富的
胶原蛋白,但必需
氨基酸不全,为不
完全蛋白质。与肉
类共烹,得蛋白质
的互补。

15 豉汁蒸排骨

2.89kcal/g
868kcal
300g /份

蛋白质：126.2 g
主料：猪排骨(大排)250 g
辅料：植物油 15 g、糖 3 g、
　　　豆豉 4 g、淀粉 10 g、
　　　酱油 8 g、大蒜 5 g、
　　　盐 3 g、味精 2 g

豆豉中含有很高的尿激酶，具有溶解血栓的作用。

16 糖醋咕噜肉

3.01kcal/g
2 191kcal
727g /份

蛋白质：67.1 g
主料：猪肉(肥瘦)400 g
辅料：冬笋 150 g、红辣椒 25 g、淀粉 20 g、植物油 30 g、
　　　香油 2 g、红糖 20 g、白醋 30 g、白酒 8 g、鸡蛋 30 g、
　　　葱蒜 7 g、盐 5 g

红糖除碳水化合物外，还含有矿物质等，营养价值比白糖、砂糖高。

17 蚝油凤爪

3.24kcal/g
3 518kcal
1 085g /份

蛋白质：185.3 g
主料：鸡爪 750 g
辅料：植物油 100 g、蚝油 30 g、
　　　香油 10 g、酱油 30 g、
　　　陈皮 15 g、八角 15 g、
　　　花椒 10 g、白砂糖 50 g、
　　　料酒 25 g、姜 20 g、
　　　大葱 20 g、胡椒粉 5 g、
　　　盐 3 g、味精 2 g

鸡爪含有丰富的钙质及胶原蛋白。本品多数香辛调味料，芳香除腥膻，增食欲，促消化。

18 脆皮乳鸽

3.98kcal/g
1 671kcal
420g /份

蛋白质:34.0 g
主料：乳鸽 300 g
调料：花生油 50 g、
　　　麦芽糖 50 g、
　　　椒盐 20 g

乳鸽肉含有较多的
支链氨基酸和精氨
酸，可促进体内蛋白
质的合成。

巧妙食用粤菜：
清而不淡、鲜而不俗；
盐分摄入、适量安心；
脆嫩不生、油而不腻；
能量适量、人人可食；
喜好生物、不求火候；
请多留心生物源疾病。

19 榴莲酥

5.06kcal/g
5 147kcal
1 018g /份

榴莲含有多种
脂类、酮类、
烃类和硫化
物，构成了独
特浓烈的香气
特征。开胃，
促进食欲。

蛋白质:55.0 g
主料：榴莲 25 g 、
　　　小麦面粉 450 g
配料：猪油(板油) 263 g 、
　　　牛油 150 g 、
　　　鸡蛋 30 g 、
　　　白砂糖 25 g 、
　　　水 75 g

guì zhōu cài
贵 州 菜

1

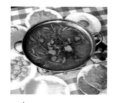

酸汤火锅

0.34kcal/g
299kcal
889g /份

贵州菜:
酸溜溜

蛋白质:14.0 g
主料：番茄500 g、黄豆芽50 g、
　　　辣椒(红、尖)250 g
调料：青蒜10 g、白酒10 g、
　　　辣椒(红、干、尖)10 g，
　　　姜、葱、蒜共45 g，盐10 g，
　　　胡椒粉、味精共4 g

贵州菜离不开酸汤。
酸汤有爽口提神、杀菌
消毒、去油腻、化脂肪、
健脾、防结石的功效。
本品的酸来自番茄。

2

油鸡枞

0.69kcal/g
786kcal
1 145g /份

蛋白质:29.5 g
主料：鸡枞(菌)1000 g
调料：菜籽油60 g、小葱50 g、
　　　辣椒(红、尖、干)20 g、
　　　八角10 g、花椒5 g

鸡枞(zōng)是食用菌中的
珍品。肥硕壮实、质细丝
白、清香可口，可与鸡肉
相媲美。鸡枞含钙、磷、
铁、蛋白质等营养成分。

蹄花冻

3

蛋白质：32.8 g

主料：牛蹄筋(泡发)100 g、
　　　鸡胸脯肉 80 g、
　　　火腿 50 g、
　　　胡萝卜 60 g
调料：辣椒油 8 g、
　　　香油 5 g、盐 8 g、
　　　香菜 30 g、
　　　酱油 40 g、醋 10 g，
　　　胡椒、味精共 8 g

蹄筋富含胶原蛋白，脂肪含量也比肥肉低，并且不含胆固醇。

1.21kcal/g
484kcal
399g／份

牛肉粉

4

蛋白质：32.2 g

主料：手擀面 200 g、牛肉(瘦)50 g
辅料：青蒜 30 g、芹菜 50 g、
　　　洋葱 50 g、西红柿 100 g、
　　　酱油 10 g、味精 1 g、盐 3 g

牛肉富含蛋白质，氨基酸组成比猪肉更接近人体需要。

1.28kcal/g
633kcal
494g／份

番茄鸡片

5

蛋白质：61.1 g

主料：鸡胸脯肉 300 g、
　　　番茄 200 g
调料：猪油(炼制)40 g、
　　　淀粉(蚕豆)15 g、
　　　盐 5 g，
　　　胡椒粉、味精共 4 g

鸡胸脯肉肉质嫩，脂肪含量低，无味，烹调时搭配各式佐料及食材为佳。

1.52kcal/g
860kcal
564g／份

6 腌酸菜干烧鱼

蛋白质:143.0 g

主料：鲤鱼 750 g
辅料：火腿 50 g、酸白菜 100 g、
　　　菜籽油 70 g、辣椒油 30 g、
　　　白砂糖 15 g、酱油 25 g、
　　　醋 10 g、黄酒 15 g，
　　　小葱、姜、大蒜共 25 g、
　　　味精 3 g、盐 7 g

酸白菜：
味道咸酸，
口感脆嫩，
色泽鲜亮，
香气扑鼻，
开胃提神，
醒酒去腻，
增进食欲，
帮助消化。

1.81kcal/g
2 013kcal
1 110g ╱份

7

贵州辣子鸡

蛋白质:245.7 g

主料：公鸡 1 250 g
调料：菜籽油 50 g、白砂糖 10 g、
　　　辣椒(红、尖、干) 10 g、
　　　甜面酱 15 g、酱油 20 g、
　　　黄酒 10 g、盐 10 g，
　　　小葱、大蒜、姜共 33 g

本品香辣
开胃。

1.89kcal/g
2 661kcal
1 408g ╱份

贵州菜烹调:

擅长蒸、炖、卤、炒、炸、烩、酿等烹调技术。

口味:

讲究本味、酥脆、糯、重油、醇厚。

8

清炒玉兰片

蛋白质:8.7 g

主料：玉兰片 250 g
调料：植物油 50 g、
　　　胡椒粉 10 g、
　　　味精 3 g、
　　　盐 3 g

玉兰片含有蛋白质、维生素、粗纤维、碳水化合物以及钙、磷、铁、糖等多种营养物质。

1.90kcal/g
601kcal
316g ╱份

⑨ 魔芋野鸭

1.90kcal/g
2 695kcal / **1 421g** 份

鸭肉的蛋白质含量比其他畜肉类高。
魔芋又叫"蒟(ju)蒻(ruo)"，热量低，所含植物纤维能促进肠蠕动。

蛋白质:129.4 g
主料：野鸭 800 g 、魔芋 400 g
辅料：猪油(炼制)50 g 、豌豆尖 100 g 、
盐 10 g 、淀粉(蚕豆)13 g 、小葱 20 g 、
姜 20 g 、胡椒粉、味精共 8 g

⑩ 三丁炒包谷

玉米富含纤维素，刺激胃肠蠕动，防治便秘等。
玉米还含有维生素E，有促进细胞分裂、延缓衰老的功能。

1.94kcal/g
963kcal / **496g** 份

贵州菜特点：
集中了贵州地区多民族烹调技术的精华。
多使用辣椒、胡椒、花椒、葱、姜、蒜、芫荽(香菜)、甜酱油等调味料。
味酸麻辣，鲜香回甜，百菜百味。
软而不烂，嫩而不生，点缀得当。

蛋白质:32.8 g
主料：玉米(鲜)300 g
辅料：火腿 50 g 、鸡蛋清 15 g 、
鸡肉 50 g 、辣椒(青、尖)30 g 、
淀粉(蚕豆)4 g 、猪油(炼制)40 g 、
味精 3 g 、盐 4 g

⑪ 土豆饼

蛋白质:12.7 g
主料：土豆(黄皮)250 g
辅料：小麦面粉 50 g 、青葱 25 g 、
植物油 100 g 、胡椒粉 1 g 、盐 2 g

土豆，又称马铃薯、洋芋、山药蛋，富含矿物质和优质淀粉。
与大米相比，土豆产生的热量较低，脂肪含量极少，为理想的减肥食品。

2.99kcal/g
1 281kcal / **428g** 份

12 蕨菜炒腊肉

3.58kcal/g
1 032kcal
288g /份

蛋白质:20.2 g
主料:腊肉(生)150 g、蕨菜 100 g
调料:植物油 25 g、白砂糖 3 g、
　　　黄酒 5 g、味精 2 g、盐 3 g

蕨（jue）菜含蕨
菜素,对细菌有一
定的抑制作用;
蕨菜富含粗纤维,
能促进胃肠蠕动,
清肠排毒。

健康食用贵州菜:
三天不吃酸、走路打蹿蹿。
贵州菜的酸来自腌制的萝卜、
白菜、圆白菜等。
生津开胃、杀菌消毒、
去油化脂 、健脾防石。
长期食用腌制食品,应重视亚
硝酸盐的危害。

13 芋头扣肉

芋头的淀粉含量很高,
益胃润肠、通便散结。
本品使用五花肉,热量
过高,请勿过食。

3.62kcal/g
4 449kcal
1 229g /份

蛋白质:68.8 g
主料:五花肉（猪肉）600 g、 芋头 400 g
辅料:白萝卜 100 g、小麦面粉 10 g、猪油(炼制)60 g
　　　白砂糖 10 g、麦芽糖 15 g、白酒 3 g
　　　茴香籽(小茴香籽)4 g、花椒 3 g、辣椒粉 3 g、
　　　草果 2 g、八角 2 g、盐 15 g、味精 2 g

14

4.89kcal/g
5 717kcal
1 170g /份

大米按照品种类型分为籼
米、粳米和糯米三类。
糯米多含支链淀粉,易糊
化,黏性强。

夹沙肉

蛋白质:86.4 g
主料:猪肋条肉(五花肉)500 g 、红豆沙 200 g
辅料:糯米 100 g、核桃 150 g、苹果脯 100 g、
　　　菜籽油 60 g、白砂糖 50 g、蜜蜂 10 g

1 豌豆黄

0.89kcal/g
1 575kcal / **1 765g** / 份

北京菜:
宫廷菜

蛋白质:37.1 g
主料：豌豆 500 g
辅料：白糖 250 g、藕粉 5 g、
　　　琼脂 10 g、水 1 000 g

北京习俗,农历三月
初三吃豌豆黄。

2 炒木须肉

1.13kcal/g
710kcal / **630g** / 份

蛋白质:80.4 g
主料：木耳(水发)75 g、黄花(干)10 g、
　　　猪里脊肉 300 g、黄瓜 98 g、
　　　鸡蛋 112 g
调料：酱油 15 g、料酒 3 g、葱 10 g、
　　　香油 1 g、白砂糖 3 g、盐 3 g

猪肉炒鸡蛋,配上黄花木耳黄瓜,称之木须肉。

3 **回锅肉白菜**

一般回锅肉使用五花肉，热量会更高。

1.20kcal/g
667kcal
557g/份

蛋白质：29.7 g
主料：大白菜 350 g、猪肉(瘦) 100 g
调料：猪油(炼制) 40 g、豆瓣酱 20 g、
　　　白砂糖 5 g、淀粉 10 g、酱油 5 g，
　　　料酒、葱、姜、味精共 27 g

4 葱爆羊肉

1.35kcal/g
512kcal
380g/份

蛋白质：33.5 g
主料：羊肉(后腿) 150 g、
　　　大葱 150 g
调料：植物油 25 g、
　　　香油 5 g、
　　　酱油 15 g、
　　　料酒 10 g、
　　　醋 5 g、姜 5 g、
　　　大蒜 15 g

羊肉独特的膻味，源于其脂肪中含有石炭酸，炒制时放葱、姜、孜然等佐料可以去掉腥味。

5 涮羊肉

涮羊肉切忌"嫩"，一定要将肉片涮熟，以防感染旋毛虫病。

1.36kcal/g
2 691kcal
1 980g/份

蛋白质：242.1 g
主料：羊肉(瘦) 750 g
辅料：大白菜 500 g、粉丝 200 g、
　　　韭菜花 50 g、驴肉 150 g、
　　　虾米 50 g、芝麻酱 75 g、
　　　腐乳(红) 50 g、酱油 50 g、
　　　料酒 20 g、醋 15 g、
　　　辣椒油 15 g、香菜 25 g、
　　　大葱 25 g、虾油 5 g

6 鱼香肉丝

1.38kcal/g
753kcal
545g /份

蛋白质:62.4 g
主料：猪里脊肉 250 g
辅料：竹笋 100 g、木耳(水发)50 g、
　　　花生油 20 g、白砂糖 10 g、
　　　泡椒 10 g、淀粉(豌豆)5 g、
　　　鸡蛋 50 g、酱油 5 g、盐 3 g，
　　　醋、料酒、葱、姜、蒜、味精共 42 g

无鱼配，
有鱼香。

7 京酱肉丝

1.39kcal/g
883kcal
633g /份

蛋白质:68.0 g
主料：猪里脊肉 250 g、葱 200 g
辅料：鸡蛋 75 g、白砂糖 5 g、
　　　甜面酱 50 g、花生油 25 g、
　　　料酒 5 g、酱油 8 g、盐 3 g、
　　　姜 10 g、味精 2 g

北京六必居
的甜面酱才
正宗。

北京菜特点：
融合了汉、满、蒙、回等民族
之烹饪技艺，吸取了山东菜、
清真菜、官府菜之精华精髓。
口味浓厚清醇，质感多样，菜
品繁多，四季分明。

8 肉炒茄丝

1.58kcal/g
811kcal
513g /份

蛋白质:24.5 g
主料：茄子(紫皮、长)300 g
辅料：猪肉(瘦)100 g
　　　白砂糖 2 g、大葱 10 g、
　　　豆油 50 g、料酒 10 g、
　　　胡麻油 10 g、姜 10 g、
　　　淀粉(豌豆)15 g、
　　　味精 2 g、盐 4 g

紫皮茄子的皮
中含有丰富的
维生素 E 和维
生素 P。是其
他蔬菜所不能
比的。

9 焦熘羊肉段

蛋白质:62.0 g

主料：羊肉(瘦)300 g
调料：植物油 20 g、香油 3 g、
　　　白砂糖 2 g、淀粉 5 g、
　　　酱油 3 g、醋 2 g、
　　　盐 4 g，葱、姜、蒜共 11 g

羊肉性温热，易上火，应搭配凉性和甘平性的蔬菜。
凉性蔬菜有冬瓜、丝瓜、油菜、菠菜、白菜、金针菇、蘑菇、莲藕、茭白、笋等；
甘平性蔬菜有红薯、土豆、香菇等。

1.70kcal/g
595kcal
349g /份

10 黄瓜炒猪肝

蛋白质:23.6 g

主料：黄瓜 200 g
辅料：猪肝 100 g、胡萝卜 75 g、
　　　豆油 70 g、白砂糖 3 g、
　　　料酒 10 g、酱油 5 g、
　　　淀粉(豌豆)15 g、盐 4 g，
　　　葱、姜、蒜、味精共 32 g

1.77kcal/g
908kcal /
514g /份

肝脏中铁质丰富，是补血佳品，维生素 A 的含量也高。

11 白汤杂碎

蛋白质:144.8 g

主料：羊肚 200 g、羊肝 100 g、
　　　羊肥肠 200 g、羊心 100 g、
　　　羊肉(瘦)200 g
辅料：芝麻酱 100 g、大葱 15 g、
　　　姜 10 g、花椒 5 g、盐 2 g、
　　　八角 10 g、虾油 50 g、
　　　香菜 20 g、味精 2 g

1.90kcal/g
1 928kcal /
1 014g /份

清真一品，羊身之宝一锅烩。

12 煎蒸带鱼

1.96kcal/g
1 107kcal
566g／份

蛋白质:88.8 g
主料:带鱼 500 g
辅料:花生油 50 g、香油 2 g、
　　　酱油 2 g、香菜 4 g、
　　　姜 3 g、葱 3 g、盐 2 g

带鱼是海鱼,肉肥刺少,味道鲜美,适合儿童食用。

北京菜烹调:
以油爆、盐爆、酱爆、汤爆、水爆、锅爆、糟熘、白扒、烤、涮等烹调方法见长。
口味:
口味以咸、甜、酸、辣、糟香、酱香为特色。

13 滑溜里脊

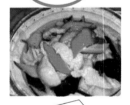

2.22kcal/g
863kcal
389g／份

蛋白质:40.4 g
主料:羊里脊 150 g
辅料:玉兰片 50 g、香油 40 g、
　　　鸡蛋清 30 g、鸭油 20 g、
　　　淀粉(豌豆)20 g、牛奶 50 g、
　　　木耳(干)10 g、料酒 5 g、
　　　大葱 3 g、味精 5 g、盐 6 g

淀粉是葡萄糖的高聚体,水解到二糖阶段为麦芽糖,完全水解后得到葡萄糖。烹调用的淀粉,主要有绿豆淀粉、马铃薯淀粉、麦类淀粉、菱角淀粉、藕淀粉、玉米淀粉等。

14 驴打滚

2.62kcal/g
1 205kcal
460g／份

蛋白质:24.6 g
主料:糯米 100 g、黄豆粉 20 g、
　　　红豆沙 80 g、绿茶粉 20 g、
　　　白砂糖 30 g、橄榄油 35 g、
　　　淀粉(小麦)25 g、水 150 g

清真小吃。成型后在黄豆面中滚一下,似驴儿打滚而得名。

15 京东肉饼

2.66kcal/g
3 057kcal /
1 150g /份

蛋白质:167.0 g

主料:小麦面粉 500 g、
牛羊肉(瘦)500 g

调料:豆豉 25 g、香油 75 g、
黄酱 25 g、姜 15 g、
盐 10 g

牛羊肉入馅儿,煎出老字号特色。

16

老北京炸酱面

2.69kcal/g
3 164kcal /
1 176g /份

为北京人的当家饭。炸酱为精髓,面码儿(配料)七碗八碟,花样多。

蛋白质:125.3 g

主料:面条(切面)500 g

辅料:猪肉(肥瘦)300 g、
绿豆芽 50 g、黄豆 15 g、
青豆 15 g、花生油 15 g、
黄酱 250 g、水萝卜 20 g、
葱、姜、味精共 11 g

17 京味打卤面

3.05kcal/g
2 170kcal /
712g /份

老北京传统面食。味道、营养、热量主要来自卤料。

蛋白质:69.1 g

主料:面条(切面)500 g、
猪肋条肉(五花肉)100 g

辅料:香菇(鲜)20 g、黄花菜 20 g、
木耳(水发)20 g、口蘑 20 g、
葱 5 g、姜 3 g、大蒜 5 g、
花椒 2 g、淀粉(玉米)4 g、
老抽 3 g、香油 5 g、
鸡精 2 g、盐 3 g

18 三不粘

3.99kcal/g
2 037kcal
510g /份

蛋白质:45.9 g
主料:鸡蛋黄 300 g
辅料:淀粉(蚕豆)60 g 、
白砂糖 100 g 、
猪油(炼制)50 g

以鸡蛋黄为主料,以淀粉、白糖、猪油等为配料。
一不粘盘,
二不粘匙,
三不粘牙。
风味独特的北京甜品。

北京菜与健康:
以牛羊肉为主原料。
牛羊肉与猪肉相比蛋白质高,脂肪少。
羊肉中胆固醇含量比其他肉类低。

19

北京烤鸭

4.36kcal/g

1.本品配料省略。
2.鸭皮、鸭肉、鸭架分别食用时,单位热量不一样。
3.请记住本品单位热量高的特点。

东 北 菜

dōng　běi　cài

1

土豆炖豆角

0.81kcal/g

261kcal / **323g** 份

蛋白质:8.0 g

主料: 四季豆200 g、土豆92 g
调料: 植物油13 g、酱油5 g、
　　　姜末5 g、蒜末5 g、
　　　盐3 g

夏天食用四季豆,
消暑清口。
请食用熟透的四季
豆,避免中毒。

东北菜:
一锅炖

2

鲶鱼炖茄子

0.89kcal/g

1 082kcal / **1 217g** 份

蛋白质:114.4 g

主料: 鲶鱼600 g、茄子500 g
调料: 猪油(炼制)30 g、盐10 g、
　　　黄酒15 g、香菜25 g、
　　　花椒5 g、小葱10 g,
　　　姜、蒜、味精共22 g

鲶鱼肉质
细嫩、美味
浓郁、刺
少、开胃、
易消化。

肉丝拉皮 **3**

1.29kcal/g
1 145kcal
890g/份

粉皮主要为碳水化合物。
海蜇含有饮食中所缺乏的碘。
豆芽含有丰富的维生素 C。
萝卜热量少，纤维素较多。

蛋白质：72.1 g
主料：猪肉(瘦)250 g、粉皮 250 g
辅料：植物油 20 g、辣椒油 10 g、
　　　香油 10 g、海蜇头 100 g、
　　　绿豆芽 100 g、水萝卜 30 g、
　　　菠菜 30 g、芝麻酱 20 g、
　　　虾米 15 g、黄瓜 30 g、
　　　酱油 15 g、醋 10 g

4

土豆炖牛肉

1.31kcal/g
878kcal
670g/份

牛肉和土豆为黄
金搭档：牛肉营养
价值高，并有健脾
胃的作用。

蛋白质:79.0 g
主料：牛里(脊肉)350 g、
　　　土豆(黄皮)200 g
调料：植物油 20 g、盐 5 g、
　　　白砂糖 15 g、黄酒 15 g、
　　　酱油 20 g、淀粉 15 g、
　　　八角 3 g、花椒 5 g，
　　　大葱、姜、味精共 22 g

5

东北乱炖

1.36kcal/g
1 134kcal
835g/份

红黄绿色，
荤素营养，
一锅炖出。

蛋白质:64.8 g
主料：猪排骨(大排)300 g
辅料：猪油(炼制)15 g、
　　　四季豆 150 g、土豆 150 g、
　　　茄子 100 g、青椒 35 g、
　　　番茄 50 g、水发木耳 25 g、
　　　味精 2 g、盐 8 g

6 烙玉米饼

1.58kcal/g
473kcal
300g / 份

蛋白质:17.6 g
主料：玉米糁（黄色）100 g
辅料：牛奶 100 g 、
鸡蛋 50 g 、
苏打水 50 g

玉米糁，也叫棒子糁，为成熟玉米磨碎而成。

7 地三鲜

1.69kcal/g
1 166kcal /
691g / 份

蛋白质:9.2 g
主料：土豆(黄皮)150 g 、
茄子(绿皮)300 g 、
青椒 100 g
辅料：色拉油 100 g 、
白砂糖 3 g 、
酱油 10 g 、
芡粉 5 g、盐 3 g ,
葱、蒜共 20 g

本品虽是素菜。但传统做法均经油炸，至热量增高，营养元素流失。

东北菜烹调:
擅长于炖、扒、炸、烧、蒸。
口味:
口味重，偏咸口；
重油腻，重色调。

8

小葱拌豆腐

1.76kcal/g
654kcal
372g / 份

蛋白质:29.3 g
主料：豆腐(北)300 g
辅料：小葱 30 g 、
香油 4 g 、
橄榄油 30 g 、
味精 3 g 、
盐 5 g

橄榄油富含单不饱和脂肪酸，除了供给热能外，还能调整人体血浆中高、低密度脂蛋白和胆固醇的比例。

9 小鸡炖蘑菇

1.82kcal/g
1 672kcal
917g /份

松蘑含有铬、多元醇、抗氧化物质和维生素 E。松蘑有很好的抗核辐射作用。

蛋白质:162.5 g
主料: 童子鸡 750 g
辅料: 松蘑(干)75 g、植物油 30 g、辣椒(红、尖、干)10 g、
　　　白砂糖 5 g、料酒 10 g、酱油 5 g、盐 3 g、
　　　香叶、八角共 7 g，大葱、姜、鸡精共 22 g

东北菜特点:
以酱菜、腌菜为主要特色;
以炖、酱、烤为主要特点;
形糙、色重、味浓;
线条粗犷不拘细节。

---

10 锅包肉

猪里脊肉含有丰富的优质蛋白、脂肪、维生素等，而且肉质较嫩，易消化。

2.01kcal/g
1 180kcal
586g /份

蛋白质:84.3 g
主料: 猪里脊肉 400 g
辅料: 色拉油 50 g、白砂糖 12 g、
　　　胡萝卜 50 g、料酒 10 g、
　　　酱油 15 g、醋 10 g、盐 5 g,
　　　葱、姜、蒜共 30 g,
　　　淀粉、味精共 4 g

11

拔丝地瓜

2.09kcal/g
1 504kcal
720g /份

蛋白质:4.5 g
主料: 地瓜 500 g
调料: 花生油 40 g、
　　　香油 30 g、
　　　白糖 150 g

地瓜富含糖、蛋白质、脂肪和各种维生素及矿物质，食物纤维丰富，润肠通便。

12

猪肉韭菜馅水饺

蛋白质:22.8 g

主料：小麦面粉 100 g、
猪肉(瘦)50 g、
韭菜 50 g、
香油 10 g、
酱油 5 g、
姜末 1 g、
盐 1 g

韭菜含有挥发性精油及硫化物等特殊成分，气味辛香，增进食欲。
韭菜还含有大量维生素和粗纤维，增进胃肠蠕动。

2.41kcal/g

522kcal

217g 份

13

四喜丸子

东北菜与健康:

炖—是东北菜的特色之一。

炖—温度低，产生有害物质少；
加盖，抗氧化成分流失少；
油少种类多，低脂营养全；
吃菜喝汤，矿物质不损失；
炖煮菜柔软，易消化吸收。

蛋白质:101.1 g

主料：猪瘦肉 400 g、猪肥膘肉 100 g
辅料：香菇(鲜)25 g、竹笋 25 g、
植物油 75 g、鸡蛋 75 g、
淀粉 30 g、葱 25 g、姜 25 g、
酱油 50 g、料酒 10 g，
花椒、八角、味精共 15 g

肥膘肉脂肪含量高，热量高。

2.76kcal/g

2 359kcal

855g 份

14

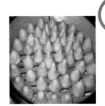

窝窝头

蛋白质:62.0 g

主料：玉米面(黄)250 g、
荞麦 250 g、
糯米粉 50 g、
鸡蛋 112 g、
白砂糖 150 g，
泡打粉、热水共 9 g

荞麦富含赖氨酸,铁、锰、锌等微量元素也比一般谷物丰富。
荞麦还富含维生素 E 和可溶性膳食纤维。

3.16kcal/g

2 598kcal

821g 份

15 猪肉炖粉条

4.73kcal/g
3 312kcal
700g／份

酸菜发酸是乳酸杆菌分解白菜中糖类产生乳酸的结果。

蛋白质:48.4 g
主料:猪肋条肉(五花肉)500 g、粉条 50 g
辅料:酸白菜 100 g、植物油 30 g、大葱、姜共 10 g、盐 3 g,八角、花椒粉、鸡精共 7 g

16 片白肉

5.18kcal/g
3 084kcal
595g／份

腐乳中维生素 B 族的含量丰富,植物蛋白质丰富。

蛋白质:50.6 g
主料:猪肋条肉 500 g
辅料:辣椒油 20 g、酱油 20 g、腌韭菜花 20 g、大蒜 20 g、腐乳(红)15 g

17 长春熏肉

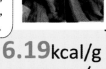

多香辛料,气香味麻,增进食欲,帮助消化,防腐防菌。

6.19kcal/g
8 395kcal
1 356g／份

蛋白质:39.1 g
主料:猪肉(肥)1 000 g
辅料:白砂糖 20 g、酱油 200 g、料酒 15 g、大葱 20 g、姜 20 g、大蒜 20 g、盐 20 g,白芷、沙姜、苹果、陈皮、肉桂、砂仁、茴香籽、藁本、肉豆蔻、花椒、八角、草豆蔻共 41 g

台湾菜

1

蒸笼沙虾

0.63kcal/g
152kcal / **243g** /份

松针为本品不可缺少的辅料。蒸笼上铺好松针，虾摆在松针上蒸。

蛋白质:26.3 g
主料：河虾 150 g
辅料：芥末 2 g、酱油 15 g、味精 1 g、松针 75 g

台湾菜:
多元化。

2

炒桂竹笋

1.28kcal/g
436kcal / **341g** /份

蛋白质:10.8 g
主料：竹笋 250 g
辅料：猪肉(肥瘦)20 g、
辣椒(红、尖)15 g、
植物油 30 g、香油 2 g、
酱油 10 g、大葱 10 g、
大蒜 2 g、味精 2 g

本品主要提供纤维素，常吃可防便秘。

雪菜豆干

1.36kcal/g

475kcal

348g /份

3

雪里蕻,
甘平无毒,
解毒消肿,
开胃消食,
温中利气。

蛋白质:18.6 g
主料:腌雪里蕻 200 g
辅料:猪肉(瘦)20 g、
　　　豆腐干 50 g、
　　　辣椒(红、尖)20 g、
　　　大葱 15 g、
　　　植物油 30 g、
　　　香油 2 g、
　　　酱油 2 g、盐 1 g、
　　　胡椒粉 1 g、
　　　芡粉 5 g、味精 2 g

4

荷叶香鱼

1.40kcal/g

917kcal

654g /份

蛋白质: 112.1 g
主料:平鱼 600 g
辅料:蚝油 1 g、香油 2 g、
　　　辣椒(红、尖)20 g、
　　　芡粉 10 g、大葱 15 g、
　　　姜 5 g、味精 1 g、
　　　荷叶 50 g

平鱼含有丰富
的不饱和脂肪
酸,有降低胆固
醇的功效。
*荷叶未计重

5

开洋炒丝瓜

丝瓜中富含维生
素 B 和维生素 C,
护肤美容。
开洋即虾米。

1.42kcal/g

461kcal

324g /份

台湾菜烹调:
炖、炒、蒸、水煮。
口味:
调味不求繁复,清淡鲜醇为先。

蛋白质:12.3 g
主料:丝瓜 250 g、虾米 20 g
辅料:植物油 30 g、盐 1 g、
　　　香油 10 g、大葱 10 g,
　　　胡椒粉、味精共 3 g

6 椒盐虾

1.48kcal/g
912kcal
617g / 份

虾皮酥脆，
可食，补钙。

蛋白质:88.2 g
主料：海虾 500 g
辅料：香菜 25 g、
　　　辣椒(红、尖、干)25 g、
　　　花生油 50 g、
　　　五香粉 2 g、盐 15 g

7 佛跳墙

1.50kcal/g
4 677kcal /
3 116g / 份

蛋白质:468.0 g
主料：水发鱼翅 50 g、水发鲍鱼 60 g、
　　　水发干贝 60 g、水发海参 200 g、
　　　牛蹄筋(泡发)150 g、
　　　花菇(干)70 g、火腿 50 g、
　　　鸡翅膀 250 g、猪肉(瘦)150 g、
　　　鸭肉 250 g、鸡肝 150 g、
　　　鸽蛋 600 g、莲子 80 g、
　　　冬笋 80 g、猪肥膘肉 40 g
调料：冰糖 20 g、绍兴酒 150 g、
　　　生抽 150 g、上等酱油 6 g、
　　　大葱 20 g、姜 20 g、桂皮 4 g、
　　　猪骨汤 500 g，茨粉、味精共 6 g

由闽菜演绎的
台式佛跳墙，有
几十种原料，保
持各自原味、原
营养。
汤水同食，营养
全面。

8

麻油鸡

1.66kcal/g
2 401kcal /
1 446g / 份

蛋白质:271.6 g
主料：鸡 1 400 g
调料：江米酒 30 g、香油 2 g、
　　　白砂糖 2 g、姜 10 g、
　　　味精 2 g

鸡肉富含蛋白质，为"高蛋
白、低脂肪"之优质食物。
鸡肉较牛肉、猪肉容易料理。

9 三杯鸡

1.70kcal/g
2 082kcal /
1 226g / 份

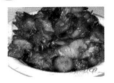

蛋白质：180.5 g
主料：鸡 900 g
辅料：九层塔 20 g、襄荷 100 g、
　　　辣椒(红、尖)30 g、
　　　大蒜 15 g、白砂糖 5 g、
　　　香油 50 g、黄酒 50 g、
　　　酱油 50 g、胡椒粉 1 g、
　　　味精 5 g

三杯鸡，
一杯酱油，一杯米酒，
一杯黑麻油。调料味重。
九层塔为台湾特有的香料，
清香入药。

10 豆豉青蚵

2.14kcal/g
732kcal /
343g / 份

牡蛎也叫生蚝、
青蚵，是补钙、
补锌的最佳食
品之一。
酱油膏是特种
酿造酱油晒炼
的加工品。

蛋白质：15.2 g
主料：牡蛎(鲜)200 g
辅料：植物油 50 g、
　　　香油 10 g、
　　　青蒜 30 g、
　　　大葱 30 g、
　　　酱油膏 20 g、
　　　豆豉 1 g、
　　　胡椒粉 1 g、
　　　味精 1 g

11

羊肉较猪肉和牛肉
的脂肪、胆固醇含
量少。
本品是冬季防寒温
补的美味之一。

台湾菜特点：
海味丰富，酱菜入菜；
生鲜冷盘，汤汤水水；
水果入菜，药膳食补；
调味料、香料有特色。

羊肉烧卖

2.20kcal/g
2 686kcal /
1 219g / 份

蛋白质：165.4 g
主料：小麦面粉 500 g、羊肉(瘦)500 g
调料：香油 30 g、香菜 30 g、酱油 30 g、
　　　黄酒 20 g、醋 25 g、茴香粉 10 g、
　　　大葱 50 g、姜 15 g、胡椒粉 1 g、
　　　盐 5 g、味精 3 g

12 台式卤肉饭

主食副食一碗端。若配上蔬菜营养价值更高。

2.78kcal/g
659kcal
237g /份

蛋白质:16.5 g
主料:猪肉(肥瘦)100 g、
　　　米饭(蒸)100 g
辅料:植物油 10 g、
　　　猪油(炼制)2 g、
　　　大蒜 3 g、洋葱 5 g、
　　　冰糖 5 g、酱油 5 g、
　　　江米酒 5 g、
　　　胡椒粉 2 g

台湾菜融汇了闽菜、粤菜及客家菜的烹调手法,先后经过荷兰、日本的影响,再结合台湾的物产及当地食俗,呈现多元化的特点。

冬菜是一种半干状态,非发酵性咸菜,开胃消食。本品与汤共食,单位热量降低。

13 冬菜虾仁馄饨

2.82kcal/g
4 888kcal
1 731g /份

蛋白质:255.8 g
主料:小麦面粉 600 g、猪肉(肥瘦)450 g、
　　　虾仁 250 g、冬菜 200 g、鸡蛋清 50 g、
　　　青蒜 20 g
调料:猪油(炼制)35 g、酱油 75 g、黄酒 6 g、
　　　淀粉(豌豆)10 g、大葱 15 g、姜 3 g、
　　　胡椒粉、辣椒粉共 3 g、盐 10 g、味精 4 g

14 洋烧排骨

3.71kcal/g
1 620kcal
437g /份

蛋白质:53.1 g
主料:猪小排(猪肋排)250 g、
　　　小麦面粉 15 g、
　　　白芝麻 15 g、鸡蛋 40 g
调料:猪油(炼制)75 g、白醋 10 g、
　　　白砂糖 15 g、番茄酱 15 g、
　　　味精 2 g

猪小排是指猪腹腔靠近肚腩部分的排骨,肉层比较厚,并带有白色软骨。
猪油,又称大油、荤油,为猪的脂肪油,具有特殊香味,容易被人体吸收,能提供极高的热量

素东坡肉

1.36kcal/g
951kcal / 份
697g

素斋菜：
素食荤做

油皮即豆腐皮，含有丰富的优质蛋白、卵磷脂及多种矿物质和钙。

蛋白质：36.3 g

主料：白萝卜 500 g
辅料：鸡蛋 60 g、油皮 50 g、花生油 50 g、香油 2 g、酱油 5 g、淀粉(蚕豆) 20 g、胡椒粉 3 g、味精 2 g、盐 5 g

炒素虾仁

1.49kcal/g
989kcal / 份
665g

福建风味素菜。面筋是小麦粉特有的一种胶体混合蛋白质，由麦胶蛋白质和麦谷蛋白质组成。

蛋白质：82.5 g

主料：水面筋 300 g、冬笋 150 g
辅料：香菇(干) 7 g、番茄 100 g、芥菜 30 g、花生油 40 g、白砂糖 15 g、芝麻酱 5 g、酱油 15 g、味精 3 g

糖醋对虾

3

1.59kcal/g
1 616kcal／份
1 018g

北京素菜。
以油皮、胡萝卜为主要原料，成品色、香、味、形均酷似荤菜糖醋对虾。

蛋白质：60.7 g
主料：油皮 100 g、胡萝卜 600 g
辅料：香菇(干)20 g、冬笋 25 g、
　　　淀粉(蚕豆)13 g、菠萝 70 g、
　　　玉米面(黄)20 g、花生油 60 g、
　　　香油 10 g、白砂糖 30 g、番茄酱 25 g、
　　　醋 15 g、料酒 15 g、姜 5 g、盐 5 g、
　　　胡椒粉 2 g、味精 3 g

素菜有三大流派：
寺院素菜：全素纯正，纯素不假。
宫廷素菜：制作精细，以荤托素。
　　　　　这里的荤是指鸡蛋。
民间素菜：原汁原味，用料简单。

4 蜜汁金枣

1.61kcal/g
1 175kcal
730g／份

山药为薯蓣科植物薯蓣的块根，具有补脾养胃、补肺益肾的功效。

蛋白质：15.9 g
主料：山药 500 g、枣(干)100 g
辅料：小麦面粉 25 g、淀粉(蚕豆)20 g、
　　　花生油 40 g、白砂糖 10 g、蜂蜜 20 g、
　　　梅子 10 g、桂花酱 3 g、香精 2 g

5 素糖醋排骨

1.65kcal/g
961kcal／份
584g

莲藕，微甜而脆，清热凉血，通便止泻，健脾开胃。

蛋白质：12.1 g
主料：莲藕 400 g
辅料：小麦面粉 20 g、柿子椒 10 g、
　　　木耳(水发)40 g、淀粉(蚕豆)5 g、
　　　花生油 50 g、白砂糖 30 g、
　　　酱油 10 g、醋 10 g、
　　　发酵粉 2 g、味精 2 g、盐 5 g

6 素椒盐肘子

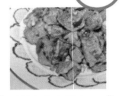

1.77kcal/g
1 853kcal／
1 045g／份

<u>蛋白质:73.6 g</u>
主料：土豆(黄皮)600 g
辅料：鸡蛋250 g、黄豆粉70 g、
　　　菜籽油70 g、香油5 g、
　　　白砂糖5 g、甜面酱10 g、
　　　小葱20 g、盐7 g，
　　　花椒粉、胡椒粉共3 g，
　　　发酵粉、味精共5 g

黄豆粉是指黄豆炒过后磨制而成的粉末，含大量食物纤维。

7 素白斩鸡

1.84kcal/g
897kcal／
488g／份

<u>蛋白质:49.4 g</u>
主料：豆腐(北)250 g
辅料：玉兰片50 g、木耳(水发)50 g、
　　　油皮50 g、淀粉(蚕豆)20 g、
　　　花生油20 g、香油10 g、
　　　白砂糖5 g、醋2 g、酱油5 g、
　　　料酒10 g、姜5 g、盐5 g、
　　　胡椒粉3 g、味精3 g

蚕豆富含蛋白质，及钙、钾、镁、维生素 C等，氨基酸种类较为齐全，特别是赖氨酸含量丰富。

8 三鲜海参

1.92kcal/g
725kcal
378g／份

<u>蛋白质:17.5 g</u>
主料：木耳(水发)40 g、
　　　香菇(干)20 g、
　　　冬笋50 g、葛根(干)30 g
辅料：紫菜(干)5 g、油菜心100 g、
　　　淀粉(蚕豆)8 g、素火腿30 g、
　　　花生油50 g、白砂糖3 g、
　　　料酒10 g、酱油15 g、
　　　盐3 g、姜10 g，
　　　胡椒粉、味精共4 g

葛根为药食两用植物。主要含碳水化合物、植物蛋白，多种维生素和矿物质，此外还含有黄酮等。

9 糖醋松鼠鱼

蛋白质:11.2 g

主料:土豆(黄皮)250 g
辅料:冬笋 15 g、香菇(鲜)15 g、
　　　豌豆 10 g、胡萝卜 10 g、
　　　青椒 5 g、菠萝 10 g、
　　　花生油 50 g、香油 5 g、
　　　白砂糖 30 g、醋 20 g、
　　　番茄酱 10 g、淀粉(蚕豆)5 g、
　　　小葱 5 g、姜 5 g、大蒜 5 g、
　　　胡椒粉、味精共 6 g、盐 5 g

豆科植物是种子长在豆荚中的植物,包括豌豆、蚕豆、扁豆、花生等。

1.95kcal/g
900kcal
461g/份

素菜主要取材米面、面筋、腐竹、冬笋、鲜菇、玉兰片、蘑菇、木耳、蔬菜等原料。具有高蛋白、低脂肪和含有多种维生素之特点。

10

红烧素甲鱼

蛋白质:46.2 g

主料:香菇(干)150 g
辅料:绿豆面 30 g、冬笋 50 g、
　　　黄花菜(干)30 g、粉皮 100 g、
　　　花生油 35 g、白砂糖 10 g、黄酒 10 g、
　　　酱油 15 g、姜 5 g、味精 2 g

绿豆含蛋白质、磷脂、多糖等成分,清热解毒。

2.14kcal/g
934kcal
437g/份

素咖喱鸡

11

蛋白质:168.9 g

主料:干豆腐 500 g
辅料:冬笋 100 g、鸡蛋 300 g、
　　　淀粉(蚕豆)3 g、姜 5 g、
　　　花生油 35 g、香油 5 g、
　　　白砂糖 2 g、咖喱 10 g、
　　　盐 4 g、小葱 5 g,
　　　胡椒粉、味精、碱共 4 g

咖喱具有利汗排毒,促进消化,增进食欲,祛湿散寒,除虫杀菌之功效。

2.27kcal/g
2 204kcal
973g/份

12 炒鳝糊

2.41kcal/g
755kcal
313g /份

蛋白质:25.8 g
主料：香菇(干)100 g
辅料：冬笋 75 g、花生油 30 g、
　　　淀粉(蚕豆)20 g、
　　　香油 10 g、白砂糖 8 g、
　　　酱油 10 g、料酒 5 g、
　　　香菜 25 g、盐 3 g、
　　　姜 3 g、大蒜 20 g，
　　　胡椒粉、味精共 4 g

香菇皮黑肉黄，改刀后形似鳝丝。

13 罗汉全斋

2.48kcal/g
1 197kcal
483g /份

蛋白质:34.0 g
主料：发菜(干)20 g、栗子(熟)50 g、
　　　木耳(水发)25 g、素鸡 50 g、
　　　蘑菇(鲜)50 g、冬笋 50 g、
　　　香菇(干)20 g、黄花菜(干)25 g、
　　　白果(鲜)25 g、菜花 25 g、
　　　胡萝卜 25 g、淀粉(蚕豆)5 g
调料：花生油 50 g、香油 25 g、
　　　白砂糖 2 g、酱油 30 g、
　　　黄酒 2 g、姜 2 g、味精 2 g

原是佛门名斋。本品十多种鲜香原料，是素菜之上品。色彩华丽，爽滑软烂，清香四溢，营养丰富。

14 素鱼翅

3.18kcal/g
818kcal
257g /份

蛋白质:33.3 g
主料：黄花菜(干)150 g
辅料：玉兰片 10 g、
　　　香菇(干)10 g、
　　　淀粉(蚕豆)30 g、
　　　花生油 30 g、
　　　香油 10 g、盐 5 g、
　　　八角、花椒共 7 g，
　　　胡椒粉、味精共 5 g

陕西风味素菜。黄花菜为百合科植物，花蕾入食。含有丰富的卵磷脂，有较好的健脑功能。

15 三鲜素鱼肚

3.80kcal/g
848kcal
223g/份

蛋白质:32.3 g
主料:油面筋 100 g
辅料:香菇(干)10 g、冬笋 25 g、
油菜心 25 g、淀粉(蚕豆)5 g、
花生油 20 g、香油 10 g、
白砂糖 5 g、酱油 15 g、
料酒 5 g、味精 3 g

北京素菜。
油面筋是面筋团经热
油炸至金黄色而成。

素菜讲究刀工、火工和造型形态;
讲究色、香、味、形、神、皿;
注重质、养、声、境;色彩悦目、
味美可口、清鲜超逸、韵致高雅。

16 香辣素牛肉

蛋白质:54.3 g
主料:水面筋 100 g
辅料:芝麻 80 g、植物油 120 g、
辣椒油 100 g、香油 20 g、
酱油 100 g、料酒 50 g、
姜汁 50 g、花椒 10 g、
红曲米 60 g、盐 10 g

水面筋是将洗好的面筋投入
沸水锅内煮熟而成。
面筋的蛋白质含量,高于瘦猪
肉、鸡肉、鸡蛋和大部分豆制
品,属于高蛋白、低脂肪、低
糖、低热量食物。
红曲米为棕红色至紫红色的
米粒,无毒无害,为传统的天
然色素之一。

4.03kcal/g
2 824kcal
700g/份

rì běn cài
日本菜

1 日式味噌汤

0.40kcal/g
322kcal / **803g** 份

日本料理：
眼睛品尝

蛋白质：25.5 g
主料：有机豆腐 300 g
辅料：干海带芽 30 g、
味噌 18 g、酱油 5 g、
水 450 g

味噌（zeng）是用大豆和米（或麦子）发酵而成的大酱，为日本传统的调味料。富含蛋白质、各种氨基酸、维生素 B₁₂ 和维生素 E 等营养成分。

2

0.57kcal/g
557kcal / **980g** 份

什锦海鲜锅

蛋白质：50.2 g
主料：蛤蜊 3 个、鲷鱼片 30 g、
鸡肉 100 g、草虾 18 g、
大白菜 600 g、菠菜 20 g、
胡萝卜 62 g
辅料：酱油 30 g、豆腐 50 g、盐 1 g，
春菊、金针菇、香菇共 9 g
味醂（lin）54 g ＊汤汁不计重

日式蔬菜煮

3

蒟蒻（juruo）是蒟蒻芋（魔芋）的地下块茎，高纤维、低热量，为素食者的营养减肥食品。

0.68kcal/g
261kcal
386g/份

蛋白质：9.7 g
主料：蒟蒻 100 g、红萝卜 40 g、牛蒡 40 g、干香菇 18 g、莲藕 40 g、四季豆 50 g、竹笋 40 g、珊瑚菇 20 g
调料：白砂糖 12 g、酱油 8 g、味酥 18 g
*昆布柴鱼高汤不计重

材料多样，营养丰富。对味酥的介绍，参见本菜系第 4 道菜。

4

吉野家牛肉饭

0.95kcal/g
1 876kcal
1 971g/份

蛋白质：214.8 g
主料：米饭 150 g、肥牛肉 1 000 g、洋葱 500 g
调料：白糖 25 g、酱油 100 g、料酒 80 g、姜末 30 g、味酥 36 g、水 50 g

味酥 为蒸糯米、米麹和烧酒发酵而成，是一种具有特有香气的日本传统酒类调味料。含有各种糖类和氨基酸。

日本料理烹制:
做法多以煮、烤、蒸为主，极少带油。调味先放糖、味酥、酒，后放酱油，既调节口味又维护营养成分。

配料:
以木鱼花汤为主，极少用水，少用味精。

5 高丽菜卷

1.06kcal/g
1 169kcal
1 102g/份

荤素全，能量低。

蛋白质：54.4 g
主料：圆白菜 500 g、猪肉馅 150 g、豆腐 100 g
辅料：洋葱 150 g、荸荠 50 g、鸡蛋 56 g、面包粉 50 g、番茄酱 45 g、淀粉 1 g
*原味鸡高汤不计重

6 筑前煮

1.06kcal/g

912kcal

861g /份

芋头长在山上叫山芋，生长在村落叫里芋。牛蒡是药食两用蔬菜，富含菊糖、纤维素、蛋白质、钙、磷、铁。

蛋白质:50.4 g

主料：鸡肉 200 g、蒟蒻 120 g、
辅料：牛蒡 80 g、里芋 85 g、
胡萝卜 80 g、藕 80 g、
竹笋 80 g、干香菇 18 g、
麻油 13 g、白砂糖 24 g、
料酒 15 g、酱油 30 g、
味醂 36 g

7 腐皮牛肉寿司

1.17kcal/g

384kcal

329g /份

蛋白质:53.6 g

主料：腐皮 1 张、牛肉 250 g
辅料：荸荠 4 个、大葱 15 g、
生抽 15 g、麻油 1 g、
白砂糖 1 g、生粉 7 g、
胡椒粉 1 g、水 30 g

腐皮，是煮沸豆浆表面凝固的薄膜。蛋白质、氨基酸含量高。

8 刺身拼盘

1.38kcal/g

516kcal

375g /份

刺身，又叫生鱼片。原料未经加温，保持原有营养成分。

蛋白质:41.6 g

主料：米饭 200 g、金枪鱼(脂身)15 g、
幼鱼师鱼 16 g、三文鱼 16 g、
金枪鱼(红身)15 g、鲑鱼子 10 g、
墨斗鱼 7 g、干青鱼子 17 g、
甜虾 10 g、鲷鱼 12 g、扇贝柱 13 g
调料：白砂糖 8 g、醋 21 g、酱油 7 g、
盐 2 g、甜姜 4 g、干海苔 2 g

9 时蔬天妇罗

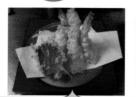

多数海鲜和蔬菜均可入此菜。
热量高低主要取决于调制外衣的小麦面粉用量。

1.42kcal/g
1 901kcal
1 342g /份

蛋白质:212.0 g
主料：龙虾1 000 g、甜椒50 g、
　　　大叶2片、白萝卜50 g、
　　　小麦粉(标准粉)130 g、
　　　鸡蛋56 g、姜5 g、
　　　花生油50 g

10 日本红豆饭

红豆饭是庆祝特殊事件的日本传统餐食。
红小豆多含皂角甙，可刺激肠道，还富含膳食纤维和叶酸。

蛋白质:109.6 g
主料：赤小豆180 g、
　　　长糯米1 000 g
辅料：黑芝麻1 g、
　　　盐1 g、
　　　水960 g

1.89kcal/g
4 042kcal
2 142g /份

11 日本风味姜汁猪肉

1.93kcal/g
1 155kcal
600g /份

蛋白质:93.4 g
主料：猪里脊肉450 g
辅料：植物油39 g、
　　　姜末15 g、
　　　酱油30 g、
　　　日本清酒30 g、
　　　味酥36 g

日本清酒是借鉴中国黄酒的酿造法而发展起来的日本国酒。
在浊酒中加入石炭沉淀，清澈的酒液，即为清酒。

12 寿司

1.96kcal/g
2 193kcal / 1 117g / 份

海苔是用条斑紫菜加工而成,被称为维生素的宝库。

蛋白质:61.1 g
主料:稻米 300 g、鸡蛋 70 g、猪肉(瘦)125 g、丝瓜 50 g、海苔(干)300 g、胡萝卜 50 g
辅料:白砂糖 60 g、白醋 60 g、酱油 50 g、葫芦 50 g、姜 2 g

日本料理的特点:
五味五色五法之菜。
五味:甜、酸、辣、苦、咸;
五色:白、黄、红、青、黑;
五法:生、煮、烤、炸、蒸。

13 日式炸猪排三明治

2.07kcal/g
889kcal / 430g / 份

面粉按蛋白质的含量不同分高筋和低筋面粉。高筋面粉蛋白质含量在10%以上,低筋面粉蛋白质为 6.5%到 8.5%。

蛋白质:78.8 g
主料:白土司面包 4 片、猪里脊肉 160 g
辅料:鸡蛋 56 g、盐 1 g、低筋面粉、面包粉共 10 g、生菜 1 g、胡椒粉 1 g、猪排酱汁 5 g

14 咕咾肉便当

丹波黑豆高蛋白、低热量。含有丰富的维生素 E 及粗纤维、异黄酮,为女性健康食品。
丹波黑豆基本不含胆固醇,其黑色为花青素,具有抗氧化功能。

2.15kcal/g
936kcal
435g / 份

蛋白质:44.0 g

主料:米饭 150 g、
排骨 200 g、青椒 10 g、
红甜椒 5 g、丹波黑豆 14 g

辅料:香油 8 g、白砂糖 8 g、
酱油 13 g、地瓜粉 8 g、
芡粉 5 g、蒜末 5 g、
盐 5 g,肉松海苔、水共 4 g

日本料理和健康:

季节性强,味道鲜美;
保持原味,清淡不腻;
加工精细,色彩鲜艳。
很多菜生吃,注意卫生;
选料以海味和蔬菜为主;
多数菜谱属于健康料理。

15 日式红烧猪肉蛋

3.71kcal/g
3 499kcal
943g / 份

蛋白质:78.8 g

主料:猪五花肉 530 g、鸡蛋 3 只
调料:米酒 90 g、酱油 90 g、
白砂糖 24 g、姜 1 g、葱 40 g

本品热量来源于五花肉,应控制食用量。

东南亚  菜

1

冬荫功汤

0.50kcal/g
644kcal
1 290g /份

<u>蛋白质:34.9 g</u>

泰国

主料:对虾 50 g、番茄 100 g、花蛤蜊 50 g、口蘑 50 g

辅料:淡奶油 20 g、香菜 10 g、水 500 g、橄榄油 1 g、
柠檬草、青柠檬、幼茄、九层塔、薄荷叶共 5 g、
鱼露 500 g,柠檬叶子、椰浆、姜、辣椒共 4 g

冬荫,为酸辣;
功,指的是虾;
本品为酸辣虾汤。
调味料多、奇。

2

芒果糯米饭

除日本外
其他东
南亚国
家料理。

<u>蛋白质:2.2 g</u>

泰国

主料:芒果 50 g、九层塔 10 g、
椰奶 5 g、糯米 20 g、
水 50 g、盐 5 g

芒果味甜带酸,
酸味被糯米的甜
味融化。芒果和
糯米,绝妙配合。

3 咖喱土豆

0.67kcal/g
94kcal
140g / 份

咖喱是由20多种香料配成的不固定的综合调料。以不同的颜色和不重复的口味组成多样种类。郁金香粉别名黄姜粉。

蛋白质:11.5 g
印度
主料: 土豆236 g、牛奶112 g
辅料: 橄榄油2 g、咖喱粉10 g、辣椒(青、尖)38 g、姜末10 g、香菜1 g、郁金香粉5 g

4 咖喱鸡丁锅

蛋白质:12.5 g
主料: 鸡肉50 g、米饭25 g
洋葱30 g
辅料: 植物油15 g、咖喱粉5 g、鸡汤250 g、小麦面粉1 g、辣椒面1 g、盐1 g

0.92kcal/g
348kcal
378g / 份

本品主料是鸡肉,口味微辣,工艺是煮,营养保留完好。咖喱为东南亚许多国家必备的调味料,主要用于烹调牛羊肉、鸡、鸭、螃蟹、土豆、菜花和汤羹等。

5 泰式咖喱鸡丝炒河粉

1.19kcal/g
562kcal
474g / 份

河粉是大米经过磨制加工而成。比较适合配鸡肉、排骨或蔬菜等一同食用。

蛋白质:45.9 g
泰国
主料: 泰式干河粉23 g、鸡丝160 g
辅料: 绿豆芽60 g、洋葱30 g、青葱108 g、鸡蛋56 g、色拉油1 g、鱼露5 g、蒜酥、红葱酥、柠檬汁共15 g、红咖喱7 g、白砂糖6 g、盐3 g

6 印尼炒饭

1.26kcal/g

589kcal
468g /份

蛋白质:27.1 g

印度尼西亚
主料:米饭 360 g、
　　　牛肉(肥瘦)80 g、
　　　咖喱粉 10 g、
　　　葡萄干 5 g、
　　　蘑菇 10 g、
　　　色拉油 1 g,
　　　胡椒粉、盐各 1 g

炒饭加咖喱,提口味,增食欲。

泰国菜:

一、材料以海鲜、蔬菜、水果为主;

二、味道酸酸辣辣,十分开胃;

三、香料和酱料繁多:辣椒、咖喱、椰奶、
　　鱼露、香叶、南姜、柠檬、胡荽等;

四、香的材料和香的调料搭配组合成复合香味:
　　虾香、蟹香、花香、草香等。

7 印度咖喱鸡肉米饭沙拉

1.34kcal/g

1 191kcal /
887g /份

蛋白质:8.9 g

印度
主料:泰国香米 200 g、咖喱粉 5 g、
　　　橄榄油 13 g、鸡胸肉 228 g、
　　　红菜椒 38 g、黄菜椒 38 g、
　　　芝麻菜 60 g、
　　　白胡椒粉 1 g、盐 4 g,
　　　鸡汤、水共 300 g

芝麻菜又叫火箭生菜,因具有很浓的芝麻香味而得名。口感滑嫩,可炒食、上汤或凉拌。

8 泰式炸豆腐

1.41kcal/g
6 172kcal
4 366g / 份

蛋白质:43.6 g
泰国
主料:豆腐300 g、炒花生仁80 g、
　　　植物油600 g
酸甜汁料:白砂糖15 g、
　　　　　青柠汁10 g、
　　　　　辣椒(红、小)1 g、
　　　　　水3 360 g

炸为主,
酸甜味。

9 咖喱鲜鱿鱼

蛋白质:93.3 g
主料:鲜鱿鱼500 g
辅料:土豆250 g、黄酒15 g、
　　　咖喱油10 g、熟油75 g、
　　　大葱5 g、姜5 g、
　　　芡粉15 g、白砂糖1 g、
　　　盐2 g、味精2 g、
　　　肉汤100 g

鱿鱼所含的牛磺酸有抑制
胆固醇在血液中蓄积的作
用,从而降低血液中的胆
固醇,保肝利胆。

1.46kcal/g
1 433kcal /
980g / 份

10

韩式辣酱炒年糕

年糕含有蛋白
质、脂肪、碳水
化合物、烟酸、
钙、磷、钾、镁
等营养素。

1.55kcal/g
1 226kcal /
790g / 份

蛋白质:18.0 g
韩国
主料:水磨年糕500 g
辅料:青椒38 g、洋葱75 g、胡萝卜31 g、
　　　色拉油39 g、韩式辣酱45 g、
　　　盐2 g、水60 g

11 新加坡淋面

1.57kcal/g
1 838kcal
1 172g/份

海陆鲜，
荤素全，
一碗面，
营养端。

蛋白质：106.9 g

新加坡
主料：鸡蛋面 300 g、河虾 160 g、叉烧肉 100 g、
香菇 40 g、绿豆芽 100 g、鸡蛋 56 g、
大葱 108 g、白砂糖 4 g、蚝油 13 g、
香油 1 g、老抽 5 g、酱油 10 g、
白胡椒粉、太白粉共 9 g，香菜 1 g，
高汤 265 g

印度菜：
一半国民喜吃素；
抽烟喝酒不流行；
野味无人敢问津；
香辣咖喱唱主角；
柠汁飞饼是招牌；
喜欢用手抓饭吃。

---

12 五彩石锅拌饭

1.59kcal/g
1 181kcal
741g/份

蛋白质：32.2 g

韩国
主料：米饭 560 g、海带芽 4 g、
猪肉(肥瘦)120 g、酱油 5 g、
洋葱 20 g、白砂糖 1 g、
大蒜 20 g、辣椒酱 3 g，
黄豆芽、杏鲍菇、鸡精共 3 g，
红甜椒、黄甜椒、白芝麻共 3 g，
韩式大酱 1 g、盐 1 g

米香、菜鲜、
锅热、蛋黄。
再配上一个煎
蛋，更加韩式。

13 酸辣带子

2.18kcal/g
146kcal
67g /份

带子是指鲜贝或干贝。带子高蛋白，低脂肪，易消化，是晚餐的最佳食品。

蛋白质：28.2 g
主料：扇贝(干)50 g、蘑菇(鲜)2 g、冬笋 2 g、番茄酱 5 g、辣椒酱 2 g、醋 2 g、盐 2 g、淀粉(小麦)2 g

14 咖喱牛腩

韩国菜：
五味五色之菜。
五味： 甜、酸、苦、辣、咸；
五色： 红、白、黑、绿、黄；
日常食： 米饭、泡菜、大酱、辣椒酱、咸菜、大酱汤和八珍菜；
八珍菜： 绿豆芽、黄豆芽、水豆腐、干豆腐、粉条、椿梗、藏菜、蘑菇八种。

3.36kcal/g
3 972kcal
1 182g /份

牛腩即牛腹部及靠近牛肋处的松软肌肉，是指带有筋、肉、油花的肉块。营养成分大致与牛肉相同。

蛋白质：78.4 g
主料：牛腩 500 g
辅料：土豆 184 g、大蒜 30 g、洋葱 30 g、辣椒粉 12 g、咖喱粉 30 g、黄油 100 g、植物油 217 g、牛奶 75 g、盐 3 g、鸡精 1 g

印度飞饼 **15**

马琪琳(Margarine)，即植物黄油、人工奶油、人造黄油。它是将植物油部分氢化以后，加入人工香料模仿黄油的味道制成的黄油代替品。

4.34kcal/g
3 236kcal
745g /份

蛋白质：47.0 g
印度
主料：低筋面粉 270 g、高筋面粉 30 g、酥油 45 g、马琪琳(片状)250 g、水 150 g

xī cān 西餐

1

水果沙拉

0.64kcal/g
540kcal
842g／份

西餐：泛指欧美地区菜肴。

> 蛋白质：3.8 g
>
> 意大利
> 主料：苹果 1 个、鸭梨 1 个、橘子 8 瓣、
> 　　　荔枝 2 个、菠萝 8 块、樱桃 2 个
> 调料：鲜奶油 5 g、白砂糖 12 g、
> 　　　白兰地酒 15 g，碎杏仁、芹菜末共 8 g

新鲜水果，一盘汇总。

2

海鲜沙拉

0.76kcal/g
748kcal
988g／份

> 蛋白质：124.0 g
>
> 意大利
> 主料：河虾 300 g、墨鱼 268 g、
> 　　　巴非蛤 300 g、牡蛎 64 g
> 辅料：葡萄酒 30 g、柠檬 21 g，
> 　　　菊苣、红色菊苣、生菜共 3 g，
> 　　　红色卷心菜、大蒜共 2 g

巴非蛤又叫土蛤。蛤，高蛋白、高铁、高钙、高锌、少脂肪。

意大利面

意大利面的原料为小麦，具有高密度、高蛋白、高筋度等特点。

3

0.77kcal/g

802kcal / **1 043g** / 份

蛋白质：41.8 g

意大利
主料：意大利面 75 g
辅料：牛猪肉混合绞肉 75 g、洋葱 150 g、
　　　番茄 624 g、植物油 13 g、蒜 10 g、
　　　番茄糊 15 g、盐 1 g、九层塔 3 g、
　　　甜椒粉、胡椒共 2 g，水 75 g

西餐分二类：

西欧式：以英、法、德、意等国为代表。其特点是选料精纯、口味清淡。以款式多，制作精细而享有盛誉。

东欧式：以前苏联为代表。其特点是味道浓，油重，以咸、酸、甜、辣而著称。

4 鸡蛋蔬菜沙拉

0.87kcal/g

229kcal / **262g** / 份

荤与素共入凉菜，别于中华料理。

蛋白质：20.8 g

美国
主料：牛肉馅 50 g、菠菜 75 g、
　　　蘑菇 14 g、柠檬 11 g、
　　　鸡蛋 1 个、土豆 35 g
调料：色拉油 2 g、白醋 15 g、
　　　芥末沙拉酱 2 g、盐 2 g

5 红酒烩鸡肉

1.18kcal/g

2 598kcal / **2 196g** / 份

红酒炖肉，活络气血。红酒可以软化肉质，让肉质鲜嫩多汁。

蛋白质：129.2 g

法国
主料：鸡胸肉 500 g、蒜 10 g、
　　　大葱 10 g、培根 150 g、
　　　洋葱 750 g、蘑菇 200 g
调料：植物油 26 g、黄油 39 g、
　　　红酒 401 g、番茄酱 101 g、
　　　白砂糖 4 g、香草 1 g
　　　胡椒 1 g、盐 3 g

6 蛋色拉

1.71kcal/g

433kcal / **253g** /份

鸡蛋配沙拉蔬菜,营养合理。

蛋白质:30.4 g

意大利
主料:鸡蛋 224 g
辅料:色拉油 10 g、白砂糖 3 g、
香菜 5 g、番茄酱 5 g、
醋 4 g、味精 1 g、盐 1 g

7 美国牛扒

蛋白质:50.1 g

美国
主料:牛肉(肥瘦)250 g
辅料:番茄(碎)5 g、
植物牛油 26 g、
盐 1 g、
酸黄瓜 1 g、
干笋 5 g,
蒜、黑胡椒共 2 g

一道传统美国菜,高蛋白。
建议搭配蔬菜沙拉,营养合理。

1.85kcal/g

537kcal / **290g** /份

西菜始祖-意式大餐

原汁原味,以味浓著称。
烹调注重炸、熏、炒、煎、烩
等手法。
面食做法吃法甚多,造诣于形
状、颜色、味道的区别。

西菜之首-法式大餐

选料广泛,加工精细,烹调考究;
滋味有浓有淡,花色品种多;
半熟或生食,重视调味;
调味品种类多样,以酒为主;
擅用奶酪、水果和新鲜蔬菜。

8 鹅肝温沙拉

鹅肝,维生素 A
的含量远远超过
奶、蛋、肉、鱼
等食品,为护目
佳品。

蛋白质:15.9 g

法国
主料:鹅肝(鲜)100 g
辅料:洋葱 30 g、黄油 20 g、
苹果 30 g、白兰地 25 g、
鲜香草 3 g

1.88kcal/g

390kcal / **208g** /份

9 比萨

2.16kcal/g

619kcal

287g / 份

奶酪，即芝士(cheese)，是比萨的灵魂，由牛奶经浓缩、发酵而成。无牛奶中的水分，保留了营养价值的精华，为黄金乳品。

<u>蛋白质:27.7 g</u>

意大利

主料：比萨胚子 100 g

辅料：奶酪 75 g 、
腊香肠 10 g 、
番茄酱 35 g 、
洋葱 30 g 、
番茄 30 g 、
青椒 7 g

10

法式焗蜗牛

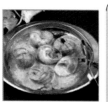

2.25kcal/g

1 227kcal /

546g / 份

<u>蛋白质:32.5 g</u>

法国

主料：活蜗牛 12 只
火腿 25 g 、冬笋 50 g 、
蘑菇 75 g 、
水发香菇 50 g 、

辅料：色拉油 100 g 、
蚝油 2 g 、料酒 1 g 、
胡椒粉 1 g ，
鸡精、味精共 2 g

蜗牛、鱼翅、干贝、鲍鱼并列成为世界四大名菜，是高蛋白、低脂肪、低胆固醇的上等食品。

---

11 番茄鸡肉酱意大利面

2.59kcal/g

3 672kcal /

1 416g / 份

<u>蛋白质:186.4 g</u>

意大利

主料：意大利面 400 g

辅料：橄榄油 100 g 、鸡胸肉 200 g 、
番茄糊 300 g 、番茄汁 100 g 、
洋葱 75 g 、冰糖 60 g 、
大蒜 30 g 、酱油 30 g 、
起司粉 60 g 、巴西利 40 g ，
鼠尾草、月桂叶共 21 g

橄榄油是橄榄鲜果直接压榨而成，天然成分保存完好，不含胆固醇，消化率高。富含单不饱和脂肪酸，为最适合人体营养的油脂。

若自制汉堡，请加大蔬菜配料，减少肉食比例，以增加对维生素的补充。

12 鸡柳汉堡

2.81kcal/g
1 500kcal / 534g /份

蛋白质:66.7 g
美国
主料：鸡胸肉150 g、汉堡胚子2个、鸡蛋112 g、面包糠100 g
调料：油52 g、葱末5 g、姜末5 g、料酒5 g、盐3 g，生菜、西红柿共2 g

13 煎猪排

3.03kcal/g
1 586kcal / 523g /份

高热量，高蛋白，配蔬菜，更健康。

蛋白质:81.3 g
美国
主料：猪里脊肉300 g
辅料：色拉油65 g、面粉50 g、面包渣100 g、盐5 g，胡椒粉、味精共3 g

14 香肠奶油酱意大利面

3.58kcal/g
5 626kcal / 1 572g /份

奶油是将牛奶中的脂肪成分浓缩而得到的半固体产品。

蛋白质:216.3 g
意大利
主料：意大利面400 g
辅料：香肠400 g、芥菜梗300 g、大蒜20 g、洋葱50 g、奶油白酱160 g、鲜奶油120 g、橄榄油80 g、胡椒粉、盐各1 g，起司粉20 g、巴西利20 g

15 培根芦笋卷

蛋白质：146.9 g

法国
主料：培根 500 g、河虾 200 g、
　　　芦笋 250 g
调料：植物油 200 g、生粉 1 g

3.71kcal/g
4 272kcal
1 151g / 份

腊肉，西餐中叫培根。腊肉中磷、钾、钠的含量丰富，还有脂肪、蛋白质、胆固醇、碳水化合物等元素。

营养快捷 - 美式菜肴

继承英式菜，简单清淡；
口味咸中带甜；
少辣味，多铁扒；
擅长水果与菜肴一起烹制。

16 奶油白酱

7.19kcal/g
8 196kcal
1 140g / 份

蛋白质：99.6 g

主料：奶油 60 g、
　　　橄榄油 26 g、
　　　中筋面粉 60 g、
　　　鲜奶油 693 g、
　　　起司粉 200 g、
　　　蒜末 100 g、
　　　盐 1 g

奶油白酱(Cream Sauce)是最常用的意大利面酱汁。

xiǎo chī 小吃 jiǎn cān 简餐

1 油条咸豆浆

0.50kcal/g
146kcal / **292g** 份

咸豆浆是在黄豆加工后，加入白醋，利用白醋与生浆的化学反应产生最基本的豆浆，然后再加入油条、香葱等调味料而成。

蛋白质:6.7 g

上海小吃
主料：豆浆250 g、油条25 g
调料：白砂糖2 g、榨菜5 g、生抽3 g、
　　　盐1 g、香醋5 g，香葱、海苔共1 g

2 麻辣小龙虾

0.94kcal/g
1 038kcal / **1 100g** 份

小龙虾的蛋白质含量很高，且肉质松软，易消化。

蛋白质:152.0 g

主料：小龙虾1 000 g
辅料：辣椒(红、尖、干)6 g、糖5 g、
　　　酱油6 g、醋10 g、料酒10 g、
　　　香葱6 g、生姜5 g、大蒜50 g，
　　　花椒、八角、桂皮共2 g

3 萝卜丝脆饼

1.35kcal/g
1 730kcal
1 280g /份

蛋白质：60.8 g
主料：白萝卜 600 g
辅料：脆浆粉 454 g、
　　　芹菜 200 g、
　　　虾米 5 g、生抽 15 g、
　　　胡椒 1 g、盐 5 g

萝卜富含维生素 C 和锌，能增强免疫功能；富含芥子油，促进胃肠蠕动；富含淀粉，有助吸收；富含木质素，提高巨噬细胞的活力。

4 雪球鱼汤

1.73kcal/g
1 746kcal
1 008g /份

蛋白质：101.1 g
杭州小吃
主料：鳗鱼 500 g、
　　　芡粉 130 g
辅料：熟猪油 30 g、
　　　白砂糖 5 g、
　　　料酒 50 g、
　　　酱油 60 g、
　　　醋 60 g、盐 15 g，
　　　味精、胡椒共 2 g，
　　　葱、姜共 26 g，
　　　肉清汤 130 g

鳗鱼具有补虚养血、祛湿抗痨之功效。

5 香菜馅儿馄饨

2.07kcal/g
2 095kcal
1 010g /份

蛋白质：116.9 g
主料：猪肉(瘦)150 g、
　　　馄饨皮 500 g
辅料：香菜 100 g、
　　　生姜 50 g、鸡蛋 56 g、
　　　香油 13 g、虾皮 50 g、
　　　酱油 15 g、醋 8 g，
　　　干辣椒、干花椒共 1 g，
　　　胡椒粉、花椒粉共 2 g，
　　　紫菜 50 g、高汤 15 g

香菜含挥发油，散发特殊的香气，祛腥膻、增味道，刺激汗腺分泌。香菜辛香升散，促进胃肠蠕动，开胃醒脾。

6 香辣鸭脖子

2.11kcal/g
1 573kcal / **745g** /份

鸭脖子,
高蛋白,
低脂肪,
鸭属凉性,
平肝去火。

蛋白质:95.0 g

武汉小吃
主料:鸭脖子 500 g
辅料:辣椒(红、尖、干)50 g、
　　　白砂糖 4 g、花椒 50 g、
　　　生抽 45 g、老抽 30 g、
　　　葱 27 g、姜 10 g、盐 5 g、
　　　小茴香 10 g、丁香 10 g,
　　　八角、草果、桂皮和
　　　香叶共 4 g

7 炒疙瘩

主副同盘,
营养多样。

蛋白质:104.5 g

北京传统清真小吃
主料:中筋面粉 500 g
辅料:牛肉(肥瘦)100 g、青蒜 50 g、
　　　胡萝卜 50 g、黄油 10 g、
　　　芝麻油 10 g、植物油 1 g、
　　　酱油 50 g、米醋 10 g,
　　　大葱、姜共 2 g、盐 10 g,
　　　胡椒粉、味精共 5 g、水 200 g

2.17kcal/g
2 164cal / **998g** /份

8 北京烧卖

2.71kcal/g
1 489kcal / **549g** /份

蛋白质:53.1 g

北京盛名小吃
馅材料:糯米 150 g、虾米 10 g、
　　　　猪肉馅 100 g、大葱 15 g
皮材料:中筋面粉 150 g、水 90 g
配料:酱油 15 g、糖 4 g、水 15 g

北京烧麦,四季入馅。
春以青韭为主;
夏以羊肉为优;
秋以蟹肉馅最应时;
冬季以三鲜为当令。

⑨ 豆腐脑

2.93 kcal/g
4 716kcal / **1 608g** / 份

豆腐脑,
高蛋白,
高钙质,
高吸收。

蛋白质:327.1 g

主料:黄豆 500 g
辅料:嫩羊肉 150 g、口蘑 250 g、
　　　辣椒油 50 g、芝麻油 50 g、
　　　酱油 250 g、大蒜 50 g、
　　　淀粉 250 g、熟石膏粉 25 g,
　　　葱末、姜末共 2 g、盐 20 g
　　　花椒、味精共 10 g、水 1 g

⑩ 三鲜豆皮

三鲜豆皮:
鲜肉、
鲜蛋、
鲜虾。

3.00 kcal/g
7 645kcal / **2 549g** / 份

蛋白质:305.8 g

武汉小吃
主料:猪肉(三肥七瘦)350 g、糯米 700 g、大米 200 g、
　　　绿豆 100 g、香菇(鲜)25 g、鲜虾仁 200 g、
　　　鸡蛋 224 g、熟猪油 175 g、猪肚 100 g、
　　　猪心 100 g、猪口条 100 g、
　　　玉兰片 100 g、叉烧肉 75 g
调料:料酒 10 g、酱油 50 g、味精 5 g、盐 35 g

上海小吃:
口味清淡、鲜美、可口;
品种多样,蒸、煮、炸、烙。
上海小吃三主件:
汤包、百叶、油面筋。

⑪ 过桥米线

3.10 kcal/g
973kcal / **314g** / 份

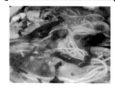

蛋白质:29.0 g

云南特色招牌小吃
主料:米线 250 g、
　　　猪肉(肥瘦)50 g、
　　　泡辣椒 2 g、泡萝卜 4 g、
　　　泡花椒 1 g
调料:香油 1 g、小葱 2 g、
　　　小萝卜叶 1 g、
　　　鸡精 1 g、盐 2 g
*水未计重

米线,富含
碳水化合
物,低脂或
无脂,含少
量蛋白质。

12 锅贴

3.13kcal/g
4 098kcal
1 308g /份

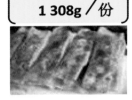

蛋白质:146.6 g

大众风味小吃
主料：小麦面粉 500 g、
　　　牛肉(肥瘦)350 g
调料：葱末 100 g、姜末 50 g、
　　　黄酱 50 g、芝麻油 50 g、
　　　植物油 150 g、酱油 35 g、
　　　胡椒粉、花椒粉共 11 g、
　　　盐 10 g，料酒、水共 2 g

为传统的
煎烙馅类
主食。种类
形状多种
多样，营养
成分随意
搭配。

13 八宝莲子粥

八宝粥是蛋白质互补的典例。
由四大类基本原料组成。
米：粳米、糯米或黑糯米；
豆：绿豆、赤豆、扁豆、白扁豆；
干果类：红枣、桃仁、花生、
　　　　莲子、桂圆、松籽仁；
中药材：山药、百合、枸杞子、
　　　　芡实、薏仁米等。

3.29kcal/g
3 865kcal
1 175g /份

蛋白质:55.4 g

主料：糯米 500 g、莲子 100 g、
　　　青梅 50 g、桃仁 50 g、
　　　海棠脯 50 g、杏脯 50 g、
　　　西瓜脯 50 g、金糕 50 g、
　　　白糖 250 g、桂花 25 g

广州小吃：粤港地区的纯甜味。
武汉小吃：为南北风味大汇集。
四川小吃：风味突出，善于用汤，
　　　　　　注重质量，承受时令，
　　　　　　翻新花样。

煮鲜肉汤圆

14

3.40kcal/g
609kcal
179g /份

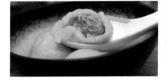

北方元宵多为
甜馅，如豆沙、
黑芝麻、山楂、
巧克力等。
南方汤圆则甜、
咸、荤、素都有，
其中鲜肉汤圆
最有名。

蛋白质:16.0 g

主料：糯米粉 80 g、
　　　猪肉(肥瘦)70 g
辅料：芝麻油 4 g、
　　　香葱花 10 g、
　　　生抽 5 g、盐 3 g、
　　　姜 5 g、白芝麻 2 g

15 水晶虾饺

3.51 kcal/g

1 359kcal

387g /份

蛋白质：23.5 g

广州小吃
饺皮：澄粉 100 g、
　　　栗子粉 40 g、
　　　熟猪油 20 g
饺馅：青虾 100 g、
　　　五花肉 100 g、
　　　姜米 10 g、白砂糖 15 g
　　　料酒 1 g、盐 1 g

澄粉是小麦淀粉，是一种无筋的面粉。加到面粉里起到增筋，膨化的作用。其富含蛋白质，又称植物肉。

16 肉丝春卷

3.83 kcal/g

5 105kcal

1 334g /份

蛋白质：94.1 g

福州民间传统小吃
主料：小麦面粉 500 g、猪肉(瘦)150 g
调料：白菜 100 g、花生油 300 g，米醋、料酒共 11 g，
　　　白砂糖 10 g、辣椒油 1 g、生粉 100 g
　　　生抽 1 g、盐 1 g、味精 10 g、鲜汤 150 g

春卷依卷入的馅料不同，营养成分有所不同。
春卷是煎炸食品，油脂及热量偏高，不宜多食。

芝麻小面包

1

2.70kcal/g
1 607kcal /
595g / 份

美丽的外表和香甜可口的滋味，是甜面包的特点。

<u>蛋白质:40.0 g</u>
主料：富强粉 200 g、鸡蛋 50 g、
　　　细砂糖 50 g、盐 2 g
　　　牛奶 90 g、干酵母 3 g、
　　　奶油(黄油)20 g、红豆沙 200 g

栗子布丁

2

2.81kcal/g
7 313kcal /
2 601g / 份

布丁(PUDDING)是以黄油、鸡蛋、白糖、牛奶等为主要原料，配以各种辅料，通过蒸或烤制而成的一类柔软的点心。

<u>蛋白质: 145.1 g</u>
主料：栗子(熟)600 g
辅料：牛奶 600 g、鸡蛋 450 g、
　　　小麦面粉 300 g、
　　　黄油 300 g、碱 1 g、
　　　淀粉(玉米)50 g、
　　　白砂糖 300 g

3 红枣银耳汤

2.82kcal/g
761kcal
270g/份

蛋白质:19.1 g
主料:银耳(干)20 g、
枣(干)100 g、
枸杞子100 g、
冰糖50 g

枸杞子,既为坚果,可食用,又是中药材。含有丰富的胡萝卜素、多种维生素、14 种氨基酸、钙、铁等营养成分。

4 瑞士黑森林蛋糕

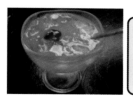

2.90kcal/g
7 113kcal
2 450g/份

点心是有甜味和咸味的味觉食品;
是有食用感觉、触觉的食品;
是有香甜气味和嗅觉的食品。

膨松奶油是用鲜奶油或人造奶油加糖搅打制成。

蛋白质:162.7 g
主料:鸡蛋750 g、白砂糖375 g、小麦面粉200 g
辅料:杏仁50 g、可可粉50 g、红樱桃250 g、
碎巧克力25 g、膨松奶油750 g

5 鲜奶吐司

蛋白质:94.0 g
主料:小麦面粉600 g、
牛奶100 g
辅料:鸡蛋150 g、
猪油(炼制)50 g、
白砂糖60 g、
酵母8 g、
盐3 g

3.14kcal/g
3 051kcal/
971g/份

面包切成片,经过烤制之后称为吐司(Toast)。

6 美味蛋挞

3.15kcal/g
1 763kcal
559g /份

蛋白质:53.9 g

主料:鸡蛋 200 g、酥油 50 g、
炼乳(甜、罐头)150 g、
小麦面粉 130 g
调料:白砂糖 25 g、
发酵粉 2 g、盐 2 g

蛋挞(Egg Tart)是用牛奶、鸡蛋和糖
制成的冻。
蛋挞的热量主要来自脂肪,又酥又软,
无饱腹感,容易多食。

7 咸肉粽子

蛋白质:234.5 g

主料:糯米 1 000 g、
猪肋条肉(五花肉)350 g
辅料:香菇(鲜)70 g、虾米 100 g、
花生仁(生)200 g、盐 15 g、
洋葱 75 g、鸡蛋 400 g、
花生油 80 g、酱油 70 g,
胡椒粉、味精共 6 g

粽子的主料糯米,
黏度高,不易消化,
且缺乏纤维质。
本品含过多的脂
肪、盐、糖。建议
搭配蔬菜、水果,
以帮助肠胃蠕动。

3.24kcal/g
7 662cal
2 366g /份

8 豆沙晶饼

蛋白质:17.4 g

主料:淀粉(豌豆)500 g、
红豆沙 300 g
调料:猪油(炼制)25 g、
香油 5 g、
白砂糖 100 g

红豆富含皂角甙,
有利尿作用;
富含膳食纤维,具
有润肠通便作用;
富含叶酸,有益产
妇、乳母。

3.33kcal/g
3 094kcal
930g /份

9 芝麻凉团

3.53kcal/g
5 689kcal
1 610g/份

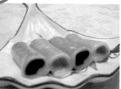

芝麻高蛋白，其营养价值可与鸡蛋、肉类相媲美；其脂肪油含量高；含有人体必需的8种氨基酸，及卵磷脂、维生素A、锌、钙、磷、铁等元素。

蛋白质:120.0 g
主料：糯米粉1 000 g、红豆沙250 g、白芝麻150 g、绿豆面10 g
调料：白砂糖200 g

面包以小麦粉、酵母、盐和水做成。加以糖、油脂、鸡蛋、乳制品及改良剂，口味多样，易于消化、吸收，食用方便。

全麦面包及杂粮面包可以提供丰富的膳食纤维。

杂粮面包和脆皮面包油脂和糖分少，热量低，维生素和矿物质丰富，是早餐的首选。

10 鸡肉派

派(PIE)是一种油酥面饼，含水果或馅料。按口味分有甜咸两种，按外形分有单层皮派和双层皮派。

3.64kcal/g
5 264kcal
1 445g/份

蛋白质:115.5 g
主料：小麦面粉104 g、富强面粉256 g、鸡肉200 g、鸡蛋150 g、鸡蛋黄60 g、起酥油275 g
调料：猪油(炼制)32 g、色拉油25 g、白砂糖15 g、牛奶300 g、大蒜5 g、胡椒15 g、盐8 g

11 提拉米苏芝士饼

3.86kcal/g
6 640kcal
1 721g/份

蛋白质:95.9 g
蛋糕胚：白砂糖110 g、低筋面粉115 g、鸡蛋280 g、杏仁粉35 g
提拉米苏慕斯：淡奶油芝士450 g、鲜奶油300 g、白砂糖150 g、鸡蛋黄110 g、杏仁酒25 g、鱼胶片1 g，咖啡、水共145 g

芝士(Cheese)是动物乳经乳酸菌发酵或加酶后凝固，除去乳清制成的浓缩乳制品。主要由蛋白质、脂类等成分组成。富含钙、锌等矿物质及维生素A、维生素B_2,比牛奶更易被人体吸收。

12 百果糕

4.03kcal/g
5 029kcal
1 249g/份

果脯和蜜饯是水果经过长时间的糖制而成，成品中含糖量达60%以上，多呈现半透明和胶黏的状态。果脯和蜜饯是一类高糖分、高热量、低维生素的食品，不宜多食。

蛋白质:69.7 g

主料：糯米粉600 g、稻米250 g、核桃35 g、芝麻10 g、冬瓜8 g、樱桃16 g、柑橘12 g、白萝卜8 g

辅料：花生油100 g、香油10 g，白砂糖200 g

蛋糕的材料主要有面粉、甜味剂(蔗糖等)、黏合剂(鸡蛋等)、起酥油(牛油或人造牛油等)，液体(牛奶、水或果汁)，香精和发酵剂（酵母或发酵粉）。

蛋糕热量高、营养高、体积小、易消化、适合早餐。

建议早餐之外少食蛋糕，尽量饭前吃，避免晚饭后食用。

13 草莓蛋糕

蛋白质:59.8 g

主料：小麦面粉300 g、草莓300 g

辅料：鸡蛋150 g、牛奶50 g、奶油/黄油350 g、色拉油50 g、白砂糖500 g、朗姆酒10 g

4.06kcal/g
6 950kcal
1 710g/份

朗姆酒(RUM)是以甘蔗压出来的糖汁或糖蜜为原料，经发酵、蒸馏、陈酿而生产的一种蒸馏酒。除调制鸡尾酒直接品味外，还用于制作糕点、糖果、冰淇淋以及法式大菜的调味料。

14 焦糖杏仁苹果派

4.19kcal/g
4 963kcal
1 184g/份

杏仁营养均衡，不仅含有类似动物蛋白的成分，还含有植物中特有的纤维素。

杏仁中的萝卜素、硫胺素、核黄素、尼克酸等药用成分，具有润肺、散寒、祛风、止泻、润燥之功能。

蛋白质:72.7 g

主料：富强面粉110 g、小麦面粉125 g

辅料：奶油/黄油302 g、苹果300 g、鸡蛋100 g、杏仁130 g、朗姆酒10 g、白砂糖102 g、盐5 g

时尚饮品

shí shàng yǐn pǐn

番茄柠檬汁

1

0.23kcal/g

145kcal
638g /份

柠檬味道特酸,唯用调味料。柠檬酸汁有很强的杀菌作用;柠檬富有香气,解除腥膻之气,使肉质更加细嫩。

蛋白质:5.6 g
主料:番茄416 g、
　　　柠檬170 g
辅料:水50 g、
　　　蜂蜜2 g

2

胡萝卜生姜汁

0.24kcal/g

48kcal
203g /份

蛋白质:1.9 g
主料:胡萝卜62 g、
　　　芹菜93 g、
　　　生姜10 g、
　　　青椒38 g

生姜为调味料,可食用,可入药。
生姜具有解毒杀菌的作用;
生姜中的姜辣素具有抗衰老作用.强于维生素E。

3

番茄凤梨汁

蛋白质:3.9 g

主料：番茄 416 g、凤梨 30 g、
白砂糖 12 g、水 200 g

0.28kcal/g

185kcal

658g / 份

凤梨即菠萝,果肉含有还原糖、蔗糖、蛋白质、粗纤维
和有机酸,还含有维生素 C、胡萝卜素等成分。
凤梨果汁、果皮及茎含有蛋白酶,能帮助蛋白质的消
化,增进食欲。

4

银耳炖木瓜

0.35kcal/g

139kcal

398g / 份

木瓜富含 17 种以上
氨基酸及钙、铁等,
其维生素 C 的含量
比苹果高。

蛋白质:3.1 g

主料：银耳 15 g、
木瓜 360 g、
北杏 10 g、
南杏 12 g、
冰糖 1 g

5 柳橙凤梨汁

0.41kcal/g

190kcal

467g / 份

水果蔬菜汁能有效
地为人体补充维生素以及
钙、磷、钾、镁等矿物质,
可以调整人体功能,增强细
胞活力以及肠胃功能,促进
消化液分泌、消除疲劳。

蛋白质:3.6 g

主料：凤梨 100 g、
柳橙 223 g、
洋芹 5 g、
番茄 104 g、
柠檬 28 g、
蜂蜜 7 g

柳橙果肉味酸、甘。
柳橙含有丰富的膳食纤维、胡
萝卜素、B 族维生素、维生素
C、磷、苹果酸等成分。
柳橙的抗氧化剂含量在所有
水果中最高。

6 木瓜牛奶汁

0.42kcal/g

343kcal

810g /份

木瓜与鲜牛奶搭配，入口香醇，润滑细腻，具有润肤养颜美白肌肤的效果。
本品富含维生素C及钙。

<u>蛋白质</u>:14.9 g
主料：木瓜 360 g、
鲜牛奶 448 g、
白砂糖 1 g、
碎冰块 1 g

7 芹菜柠檬汁

0.46kcal/g

159kcal

343g /份

<u>蛋白质</u>:1.2 g
主料：芹菜(连叶)30 g、
柠檬 43 g、
苹果 268 g、
盐 1 g、冰片 1 g

芹菜叶中所含的维生素C、胡萝卜素比茎多，且降压效果很好。
建议芹菜杆、叶同食。

8

胡萝卜苹果汁

0.46kcal/g

416kcal

908g /份

<u>蛋白质</u>:4.8 g
主料：胡萝卜 372 g、
苹果 536 g

鲜苹果含水量为85%；含有丰富的碳水化合物、维生素和微量元素；尤其维生素 A 和胡萝卜素的含量较高。

9 芒果牛奶汁

芒果富含胡萝卜素、加芒果甙，有明显的抗脂质过氧化和保护脑神经元的作用。
芒果中维生素C的含量高于一般水果。

0.48kcal/g
233kcal
488g／份

蛋白质:11.0 g
主料：芒果 150 g、
　　　鲜牛奶 336 g、
　　　蜂蜜 1 g、
　　　碎冰 1 g

10

猕猴桃果菜汁

蛋白质:2.0 g
主料：猕猴桃 80 g、生菜 30 g、
　　　芹菜 30 g、香菜 20 g、
　　　柠檬 25 g、蜂蜜 21 g、水 30 g

0.58kcal/g
136kcal
236g／份

猕猴桃的维生素 C 含量为一人一日需求量的两倍，在水果中名列前茅；
猕猴桃还含有良好的可溶性膳食纤维。

11 桂花奶茶

0.60kcal/g
73kcal
122g／份

蛋白质:4.2 g
主料：红茶 3 g、
　　　桂花 5 g、
　　　牛奶 112 g、
　　　冰糖 1 g、
　　　水 1 g

桂花含有 22 种氨基酸和 15 种维生素，还有 10 多种微量元素和大量的激素、酶、生长素等成分。

12 酸梅汁

0.75kcal/g
90kcal
120g / 份

蛋白质：1.0 g
主料：乌梅50 g、
山楂50 g、
五味子10 g、
大枣10 g

乌梅含有多种有机酸，促进食欲；含有梅酸，软化血管；含有儿茶酸，促进肠蠕动。
乌梅抑制多种致病菌，增加胆汁的分泌，预防胆道感染和胆结石。

13 柠檬蜂蜜冷红茶

蛋白质：8.8 g
主料：红茶4 g 、鸡蛋56 g、
蜂蜜20 g 、白砂糖40 g 、
柠檬汁20 g 、水200 g

蜂蜜多含人体容易吸收的葡萄糖和果糖，主要作为营养滋补品，用于加工蜜饯食品及酿造蜜酒，也代替食糖作调味品。

0.95kcal/g
322kcal
340g / 份

时尚饮料特点：
水果蔬菜汁制作方便快捷，所含的营养物质容易吸收。
适合做果蔬汁的蔬菜有：　、
山药、胡萝卜、西红柿、生菜、黄瓜、萝卜、芹菜、香菜等。

14 雪莲百合红薯糖水

1.05kcal/g
291kcal /
276g /份

蛋白质:3.4 g
主料:红薯200 g、
百合50 g、
冰糖25 g、
姜1 g

百合含有淀粉、蛋白质、脂肪及钙、磷、铁、维生素B$_1$、维生素B$_2$、维生素C等成分,还含有秋水仙碱等特殊的营养成分。

健康指导:
每食选用两三种水果蔬菜,变化搭配;
不是所有的蔬菜都能生吃,切记勿忘;
水果蔬菜汁必须现榨现喝,不可放置;
渣子可拌蜂蜜一起饮用,不可遗弃;
本类饮品单位热量不高,常饮无妨。

15 莲子百合红豆奶沙冰

3.35kcal/g
3 682kcal /
1 099g /份

白莲子高蛋白、低脂肪,富含氨基酸,及多种维生素、糖和钙等元素。

蛋白质:108.2 g
主料:红豆500 g、
白莲子30 g、
百合10 g、
冰糖500 g、
鲜奶56 g、
陈皮1 g、冰块2 g

便利店
biàn lì diàn

（小吃饮料共20种，按汉语拼音排序）

冰淇淋 100g
127kcal 热量
2.4g 蛋白质

豆浆 100g
14kcal 热量
1.8g 蛋白质

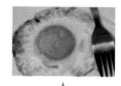

荷包蛋（油煎）100g
199kcal 热量
13.5g 蛋白质

★ ★ ★ ★ ★ ★ ★ ★ ★ ★

火腿肠 100g
212kcal 热量
14g 蛋白质

可口可乐 100g
43Kcal 热量
0.1g 蛋白质

馒头 100g
221kcal 热量
7.0g 蛋白质

★ ★ ★ ★ ★ ★ ★ ★ ★ ★

米饭 100g
116kcal 热量
2.6g 蛋白质

牛奶 100g
54kcal 热量
3.0g 蛋白质

牛奶饼干 100g
408kcal 热量
8.1g 蛋白质

啤酒 **100g**
32kcal 热量
0.4g 蛋白质

葡萄酒 **100g**
72kcal 热量
0.1g 蛋白质

巧克力 **100g**
586kcal 热量
4.3g 蛋白质

★ ★ ★ ★ ★ ★ ★ ★ ★ ★

山楂果丹皮 **100g**
321kcal 热量
1.0g 蛋白质

薯条 肯德基 **100g**
298kcal 热量
4.3g 蛋白质

酸奶 **100g**
72kcal 热量
2.5g 蛋白质

★ ★ ★ ★ ★ ★ ★ ★ ★ ★

五粮液 **100g**
311kcal 热量
0g 蛋白质

咸鸭蛋 **100g**
190kcal 热量
12.7g 蛋白质

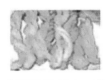

油条 **100g**
386kcal 热量
6.9g 蛋白质

★ ★ ★ ★ ★ ★ ★ ★ ★ ★

月饼 (豆沙) **100g**
405 kcal 热量
8.2g 蛋白质

榨菜 **100g**
29kcal 热量
2.0g 蛋白质

零食
要适量

后记

　　著者在上海的"健康管理工作室"曾经接待过这样的客户。喜荤厌素，饭量偏大，体重超标，典型三高，但是尚无值得去医院的症状。对于这样的人，健康管理饮食处方以"清淡饮食，减少饭量"为中心。但是，减荤减食说起来容易，坚持下去困难。外加没有时间运动的理由，健康管理半年下来收效不显。如何在"不夺口中之爱"的前提下，减少摄取热量，减去多余体重，是我们健康管理首先应该跨过的门槛儿。

　　曾拜读过一本日文 Pocket Book "只看热量，减肥在握"（译文）。该书分菜系将菜谱的总热量依次排名，指导读者参考总热量选餐用餐，减肥瘦身。受该书的启发，著者萌生了写本书的念头。考虑到中华料理种类多、花样杂、多人分餐的特征，著者引用了"单位热量"的概念。了解你所用菜谱的"单位热量"（即菜谱的单位重量所提供的热量），再知道个人用餐的重量来计算摄取热量。教给读者如何通过控制个人用餐的重量，来调节摄取热量的方法。不用刻意忌口，不必天天清淡。享受自己的最爱，保持健康的体重。进一步，再多用一点儿时间，参照本书所授方法，记录每天摄入的所有饮食，算出每日总摄入热量。用数字刺激大脑，用大脑控制用餐，会收到更大的健康效果。这样的坚持会让读者在不知不觉中养成良好的饮食习惯。

　　饮食文化有这样一个发展过程：肚子吃→舌头吃→眼睛吃→脑子吃。肚子饱，饱眼福给我们带来了困惑的现代成人病。期望用脑吃的时代，能让我们的国民吃出健康，摆脱现代成人病的困扰。

　　顺便提一下邻国日本如今的健康新概念，"空腹有利健康"，"一日吃一顿年轻 20 岁"，"肚子咕咕叫激活体细胞活性"……也许"空腹利于健康"的时代很快会悄悄地向我们走来。

　　最后，本书的前期选择菜谱、计算热量工作，得到了健康管理师潘蓁和营养师丁琼的大力协助，在此著者表示衷心的感谢！

张　弘

2012 年 6 月 16 日于东京